人间味道

李书崇

著

九州出版社
JIUZHOUPRESS

图书在版编目（CIP）数据

人间味道 / 李书崇著. --北京 ：九州出版社，
2017.9
　　ISBN 978-7-5108-6021-8

　　Ⅰ．①人… Ⅱ．①李… Ⅲ．①饮食－文化－中国
Ⅳ．①TS971.2

中国版本图书馆CIP数据核字（2017）第240055号

人间味道

作　　者	李书崇
出版发行	九州出版社
地　　址	北京市西城区阜外大街甲 35 号（100037）
发行电话	(010)68992190/3/5/6
网　　址	www.jiuzhoupress.com
电子信箱	jiuzhou@jiuzhoupress.com
印　　刷	北京金特印刷有限责任公司
开　　本	880 毫米×1230 毫米　32 开
印　　张	8.25
字　　数	165 千字
版　　次	2017 年 12 月第 1 版
印　　次	2017 年 12 月第 1 次印刷
书　　号	ISBN 978-7-5108-6021-8
定　　价	42.00 元

黎鸣

食道，色道，性道以及其他
——读李书崇《人间味道》

友人李书崇写了一部奇书——《人间味道》，禁不住想要趁机说上几句。

俗话说"民以食为天"，实际上这句话不应该是孤立的，照老子《道德经》的理论，还必须联缀两句话："民以性为地"和"民以色为人"。古人说："食、色，性也"，通常人们只理解为人之性是食和色，其实这是不通老子。实际上，应读为（人者），"食、色、性（三全齐备）也"。

世间万物之道，均在"天、地、人"三道之间，而于"人"自身，就有"天道之食"，"地道之性"和"人道之色"。关于"色"，应该按照释家所谓"色即是空，空即是色"中之"色"来理解。说白了，"色"，即是指一切万事万物的"现象"，而所谓的"色界"即是所有万事万物的"现象界"。上面这些话，虽不必过于拘泥，但确实都是我内心所思。

因为我在猜想，书崇先生今日有《人间味道》之著，是否接下去后面还会有《性道通地》和《色道通人》？果真如此，那就真值得额首称庆了。因为，书崇兄无论在"食、色、性"哪一方面，都堪称当今非常了不起的通人。即是说，在我眼里，书崇兄既是美食家，也是美性家，自然就更是美色家了。说是"美性家"，书崇先生是正经的性学家，已有数部专著问世，且领衔翻译了当代著名的《性学总览》巨著。至于"美色家"，其实就是书崇兄中国文学作家的本色。人世间兼有如此"三家"者，确实非常罕见，应该说是稀少之又稀少。正是因此，书崇先生如果不在这"三界"留下相应的著述，将来就一定会成为人间一件大大的憾事。所以望书崇兄务必深思一下这个诉求，并践行之，实现之。

谈到美食，我的美食家朋友还真是不少，而且几乎全都是当今中国相当了不起的艺术大家，例如盛中国、濑田裕子夫妇——中国的音乐艺术大家；汤立、崔红夫妇——中国国画艺术大家；李书崇、周晓玲夫妇自不必说，是中国的文学艺术大家……此外，当今中国还有对始终令我钦佩不已的生活艺术大家：孙雅臣、王丽夫妇，他们不断的义举使他们成为中国当代不掺假的慈善使者……所有这些艺术大家，都曾在他们的家里飨我以美食，待我以清茗，令我深深难忘。盛中国先生广为人知的身份当然是中国著名的小提琴艺术人师，然而他同时也是中国美食家协会副主席！当然，最令我不能忘怀的自然还是今天特别说到的书崇兄了。他不仅仅是美食家，也是美食烹饪高手、少有的文化理论家。正是因此，《人间味道》才会横空出世。

读完《人间味道》，我愿以一名哲学学者的身份告诉同仁与朋友：这是一部所有知味的中国人、以及全世界所有爱好中国美食的女士们、先生们都应该读的书。

序：本能到自觉

吾友李书崇著此书，详述美食文化。

请注意，他不是要教你怎样做饕餮之徒。饕餮，人之动物本能，要谁来教？至于美食，凡我圆颅方趾之人，除极少数嗜异症如"咬姜喝醋"或喜好"太和豆豉煮醪糟"之怪人，莫不爱伸筷子尝一尝，也不要谁来教。前不久逛书市，见了好几种"导吃"的著作。嗨，真还有人教！

书崇著此书，别有深意。原来他是希望诱导你做一个及格的美食家。一道道佳肴至味，书中他也津津话及，兼传烹饪秘方，亦颇翔实。但是他的趣旨不仅仅在此也，他是要给你补美食文化课。他这大半生享用过种种佳肴至味，遂萌感恩之忱，所以著此书以酬馈社会，也算是用笔报恩吧。

他深知人世间不存在天生的美食家。美食而想成家，须有专业文化诱之导之，日久方成。其间有个从动物本能跃升到文化自觉的学习过程。这本《人间味道》，据我看，正好拿来做补习课本用。可知这是本以美食为题材的文化专著，非菜谱也。

当兹物欲横流，众生浑浑噩噩之际，凭本能大嚼的好吃嘴，多似河鲤江鲫，日夜爆满酒楼，盛况简直超唐迈宋。北宋太尉党进，泉下有知，亦当艳羡不已。就说那党太尉，兵痞出身大老粗，趣味自然浊，他以饕餮名世。寒冬独坐帐内，叫一队肥婢女环列成"肉屏风"以御寒，而他猛喝火酒，大嚼嫩羔，听唱淫词艳曲。既醉且饱，抚拍大肚，满意告之："我对得起你了，嗯！"侍姬掩唇笑说："太尉对得起它，它对不起太尉，没有给太尉挤出半滴墨水来。"

放眼今日，宴聚酒楼比党进更浊的我都见过。书崇见过的应该更多。他虽隐忍不发，心实忧之。此书之著，盖欲以文化醒世，俾使其从动物本能跃向文化自觉。何谓"克己复礼"？这就是。此宅心济世者之所为，予甚嘉之。

友人中唯一的好吃嘴是李书崇。听他谈吃，比真吃更有味，还能唤起食欲，使我愈听愈饿。刚才嘉许他"宅心济世"，现在补充说，也是炫学自娱。都是读书人嘛，谁能做到不炫。彼此彼此，就互相谅解吧。

目录 ○ ○ ○

食 之 道

　　清人戴可亭任四川学政时，从峨眉山道士习吐纳胎息术，自谓得道，寿至九十有余。客问其养生之事，戴说早起喝稀饭一茶碗，晚上进人奶一小杯，仅此而已。

　　客疑食此不能饱，戴勃然作色说：人难道需要吃饱吗！

　　戴其实已经走火入魔了，他的理论自然荒谬可笑，行为亦属丑陋：状若干柴一老翁，天天抱着年轻女子啜奶！此真孟子所说：不得饮食之正也！

　　读《子不语》，见录蒋用庵等几位高官，在同僚徐兆潢家宴集，大嚼河豚。席间有人突然昏厥倒地，人事不省。众料此必为河豚中毒，急灌粪浆施救，无效。食客人人自危，乃各饮粪浆一大罐以自保……

其实昏厥者乃癫痫发作，过一阵就好了。同僚们知情后大呕吐，边漱口边狂笑。

前者吃了一辈子饭而不知味，后面几位，暴殄天物之老饕而已，皆有悖食道。

何谓食道？食之道，在人人可得滋养而又人人乐此，美滋美味，终身难弃，几近于幸福。

这是来自天地自然的赐予。上帝创造了人，就必使它生生不息，就必为它的生命过程注入欢乐与快感，譬如食与色，皆同此理。如果这个过程充满了恐怖与痛感，生命早已终结……

川西平原，田家若具鸡黍相邀，可有石磨豆花。黄豆涨发之后，加少许新鲜青豆一起磨浆，豆花制成，有淡淡翠绿清香；郫县豆瓣剁细下油锅跑酥，口蘑酱油小葱花兑成蘸料。

猪肉选肥嫩软边坐墩儿（臀尖之无尾部分）大转中火煮至六七分熟，晾冷后切片投入锅中，慢爆令其出油，直至肥肉卷成"灯盏窝儿"，下豆瓣甜酱、菜地里现采的蒜苗翻炒入味，使菜色红彤彤油亮亮中，凸现蒜苗青白二色与浓郁蒜香。

珠玉般的新米开锅三次后沥出米汤，上甑子大火蒸；米汤另锅煮芋儿小白菜……这热腾腾的甑子饭就石磨青豆花、熬锅肉、滑溜溜的芋儿小白菜汤，桌上再添一碟脆生生的胭脂色枇杷秧泡萝卜，如此简馔足下笑纳否？惭愧！

若是江左渔家或沪上市井，偶然来客，不及备餐，也许就将小黄鱼洗净，以绍酒、葱姜腌上片刻，上笼屉蒸熟，细心拆下琥珀似的嫩滑鱼肉；鲜笋切薄片待用。

手边如有火腿可以少许切细吊汤（蒸鱼所遗汤汁一并倒入汤中）。待汤滚过二三遍后，捞出姜片葱节，拨入鱼肉笋片，调味，勾薄芡，起锅时稍加醋与香麻油……

与此同时，老虎灶隔壁档口的生煎馒头刚从铁鏊中铲出，还在嘶嘶作响，一股焦香扑鼻而来。生煎上桌已呈扁扁的吊钟形：上部是雪白的面花盖子，中间已被肉馅鼓成茶色玻璃般半透明，底座金黄色，焦香就是从这里发出的。

吃的时候先小心咬破座子以上面皮，待馅内滚烫的卤汁稍稍冷却方可啜食；吮尽美味卤汁，再沿着座子小口咬一圈令钟盖与底座分离，揭起盖子先吃，品绵韧劲道面香，然后细尝底座上荸荠大小的鲜嫩肉馅，然后挟起底板一咬倍儿脆，然后喝一口鲜美的小黄鱼汤……

所以在生煎铺里总听见上海人对堂倌吼："底子要厚！"

上面所说简馔，都在民间。不管它小葱拌豆腐还是炒肝儿对卤煮，是馍泡进了羊肉汤还是羊肉夹入馍当中，皆成幸福要素。

天赋人权，亦赐美食。只要不遇饥荒瘟疫、战争革命；只要社会正常，不起纷乱，人人均可指望享用。此食之道也。民以食为天，故食道通天。民谚：雷不打吃饭之人——此人纵有大罪，也不能在他吃饭时施以惩罚。

可见，食为天下第一神圣之事。

味 之 道

伊尹对商王说："味之精微，口不能言也。"这是人人都知道的事实：味觉的敏感，非语言所能描述。

味，是纯粹的个人体验，英文 Taste 与这个语辞庶几近之。道，却是抽象的哲学概念，是涵盖宇宙万物的秩序框架。味道相融，或曰味被道整合，便成就了中国文化独有的一个特殊范畴——味道。

这是个内涵幽深、外延无边的语辞，可以指人，可以象事，亦可状物。唐人司空图甚至说"辨于味，而后可以论诗"——欲懂诗要先知味!

若问味与道如何关联,勉强可说,味对于道,犹如美色之于情致,佳音之于律吕——美人而能解风情,美声而能入旋律。

美食之道即在味道。美食所追求的目标,就是合于"道"的至味。苦瓜削皮,丝瓜去瓤,陈醋蒸豆腐,蜜糖烧咸鱼,吃也能吃,只是味悖其道,无美可言。

有人说味觉是后天培养的,因环境、习俗不同而各有所好。这话也不错。非洲有人食蚁,亚洲有人吃蛆。孟子曰:"饥者甘食,渴者甘饮,是未得饮食之正也。"饥饿者吃什么都香,渴极了喝一大瓢凉水直叫痛快。

然而,那绝非美食文化。吃蚂蚁黑猩猩也会:伸一条小棍到蚁穴中,待棍上爬满蚂蚁之后,嘴唇包住小棍一抽,蚂蚁尽入口中,然后就这个这个……

可见,美食从一开始就是文明的标志,是一种审美行为。

若以中国美食与东洋相较,则日本美食宜看:器皿菜色皆佳于目,眼睛舒服;以之较西洋美食,则欧美佳肴有益健康:牛排带血蔬菜生吃,食之体壮。

唯中国美食讲究味道。悟道者方才知味,从知味而渐渐悟道亦无不可。

吃了一辈子饭而不知味，岂不窨枉！

由味道熔于一炉的中国美食，虽有南甜北咸、东辣西酸之说，又或谓北地重咸鲜、蜀中好辛香，味多所不同，而道始终如一。味的差别譬如阴阳，唯能调理，可致中和。

因而美食之道又在调理，美之极致在于中和。刘姥姥吃了凤姐喂的茄鲞，打死都不信那是茄子做的，即因为不知调理、不谙中和，突然被架到美食席面，她自然只能"晕菜"。

华夏先民吃了上万年饭之后，才在战国时期以《黄帝内经》系统地表达了对味道的看法——"天食人以五气，地食人以五味。"（《素问·六节脏象论》）

这种气味说首先揭示了人之所食，关乎天地，贵在自然。

五味酸甘苦辛咸，与五行木土火金水相对应，调节着人的气血阴阳、脏腑经络，"五味入口，藏于胃，以养五脏气。"（《素问·五脏别论》）

"五味所入，酸入肝，辛入肺，苦入心，咸入肾，甘入脾，是谓五入。"（《素问·宣明五气篇》）

南梁何逊，出自簪缨巨族，食不厌精，吃遍了天下所有好东西。曾在《七召》赋中尽炫示过那些美食："铜饼玉井，金釜桂薪，六彝九鼎，百果千珍。熊蹯虎掌，鸡跖猩唇。潜鱼两味，元犀五肉。拾卵凤窠，剖胎豹腹。三牺甘口，七菹惬目。蒸饼十字，汤官五熟……脯追复而不尽，犊稍割而无伤。鼋羹流臄，蜓酱先尝。鲙温湖之美鲋，切丙穴之嘉鲂……"但是这么一堆好东西，却离不开"海椒鲁豉，河盐蜀姜。剂水火而调和，糅苏荍以芬芳……"没有味，便一切都无从谈起。

这种性味论，已经将味道直接引入人道范畴了。

至若五味与四时的关系，《素问·阴阳应象大论》提出：春在味为酸，夏在味为苦，秋在味为辛，冬在味为咸，长夏在味为甘（入伏到出伏这一段日子称长夏），人可在不同季节选择相应性味之食，应天时以养生。

有此理论观照，《内经》认为，人之所食，当以"五谷为养，五果为助，五畜为益，五菜为充，气味合而服之，以补精益气。"（《素问·脏气法时论》）这是说，人当以谷物类为主食，果、蔬、肉食副之。

华夏民族以此为膳食结构，历五千年而涨至现今十几亿人口，可说是"实践"已检验了"真理"。《内经》不列慕尼黑大杯啤酒、汉诺威大块蹄髈、英国大片烤培根、荷兰大杯冰激凌不是"文化的差异"，乃在对生命认识的深浅。

味道与性命攸关，味道即为人道。连吃什么、入何味都已告诉你了，如若不信，便是自绝于人民。

麦当劳与普通话

20 世纪后半叶至今的"世界大趋势",乃热闹非凡的全球化运动。一个日本血统的美国人弗朗西斯·福山,把"历史""终结"了。

福山认为苏联的垮台,为普世一体国家扫清了障碍。世界未来,即今日欧美;"后历史时代",就是全球欧美化。据说,这个预言建立在黑格尔和科耶夫的历史逻辑之上。

根据这个逻辑,麦当劳、肯德基在全球广设生产线,进而垄断饭馆业是合理的。过土著民族节日的时候,你也可以尝点轮转寿司或是酱汤一类食品，但是主流社会还是鼓励你欣赏鲑鱼刺身配可口可乐……

希望这只是个噩梦。十六岁的中国孩子可以由着他们"哈韩""哈日""哈英""哈美"，没关系，只要吃饭的时候先拿筷子后端碗，他们就会慢慢长大。也可以由着他们写"火星文""给力"网络语，只要跟爸爸妈妈说话的时候用华语，事情还有救。

汉语，筷子，两者不灭，则华夏文化可存。

从大处说，饮食文化正恭逢乱哄哄的全球化运动；往小处说，饮食男女面临着强秦欲图六国的战国末期。原先春秋版图是鲁、扬、川、粤四大菜系，中间经历鲁、扬、徽、湘、闽、川、粤、港之变，战国打得难分难解，但却成就了七彩缤纷局面。

所谓菜系，原本就是各地农家庄户、市井百姓的日常所食，浮现于市，上传至官，经过文人品题、商界雕琢、上层社会凝炼变化形成菜谱总和，流行在特定的重镇大埠、通衢口岸。

民间制菜，开始都是法无定法，适口为珍——怎么好吃就怎么做。这是原创版本。到形成菜系，已经是学术论文阶段了。

然而百姓家食，并不是随意胡来。无定法却是有大法的，须依物产、环境、气候等诸般因素，应天时取地利以自养。譬如黄土高原属钙化土，所产食物多钙，所以民皆嗜酸，以醋来软化体内可能形成的结石。川贵湘鄂地处卑湿，辣可除湿通经络。北方干燥，汗易蒸发，口味偏咸利在补充盐分……

这便是《内经》所谓四气五味之说。所以，菜系实际上承载着一方的水土一方的民。

康有为某次可能是宴会吃得高兴了，赋诗盛赞徐州的淮扬美馔：

元明庖膳无宋法，今人学古有清风。

彭城李翟祖餴铿，异军突起吐彩虹。

李翟指徐州籍大厨李自尝、翟世清，餴铿即厨界通天教祖彭祖。

康有为是改革派，宴席举箸之际也不忘立论改革、强调与时俱进。诗意是说庖膳古法已失，若必师古法，但求彭祖精神而已。意思也对，但若说口味随时代之变而变，就大谬不然了！

一个人的胃是对他母亲的执著纪念；一个民族的胃是对土地的无尽缅怀。

以我辈所居之大陆而论，中亚、西亚、南亚，包括中国之西北、华北，皆粉食之民，吃面，饲牛羊为家畜；东北亚、东南亚，包括中国之华东、华南、西南大部，皆粒食之民，吃饭，养猪以食肉。

此自古皆然。让一位那曲藏人吃扬州炒饭，开始也许还行，吃着吃着他就会郁郁寡欢了——这哪有糌粑和着酥油茶好吃？

日本明治维新时期，政府曾倾一国之力，社会为之总动员，力倡国民学习西方人吃牛肉、喝牛奶，总理大臣带头在国会啖五成熟牛排，那勇气就像在带头吃毒药。

其实何苦来着？潮流是潮流，河床是河床，潮流过后，河床依旧。大和民族现在依然吃饭团、拉面吃得很开心。

发展是硬道理。道理太硬了就会成为毒药。发展已经牺牲了环境，发展正在牺牲幸福。

上世纪全球召集过南北经济对话，富国与穷国共商发展大计。据说不丹国王在会后谦逊地表达了他的遗憾——他听到了许多领袖畅谈国民生产总值如何提高，但没有一位谈到国民幸福总值如何提高……

幸福具体而微，着眼在小处。

商业部向全国各地颁发了无数"中华名小吃"金匾，以资表彰那些美味，结果便有人想到了发展高招：把金匾集中一处金灿灿地挂满墙壁，搞成"百家宴""美食城"，小吃店改成人民公社式的大食堂，做大做强，专营中华名吃。

殊不知小吃之美正在其小：小店、小规模、小制作；精益求精、现场操作、不搞批发、过时不候。成都国营"龙抄手"，一店集中几十种名小吃，赖汤圆、钟水饺、张凉粉等等皆在其内，包打天下，一锅烩尽各路英豪，成都人再也休想吃到美味小吃了。

基于同样的原因，餐馆酒楼现时大多在经营本帮菜之外，兼营着粤菜，有时是川菜，或者不川、不粤、不鲁、不扬，他的任何一味菜都不地道。

粤菜因为有生猛海鲜之名，获利甚厚；川菜因为成本低味丰富，同样获利甚多，商家乐为。粤菜统治高端市场，川菜在中下游称霸。为一个利字，厨界纷纷切磋如何改良变通，让菜式具有普适性，"创新川菜""新派粤菜"粉墨登场。

业界不肯在本帮菜系上下苦功，往往投机取巧，犹如练书法而不临帖、不摹碑、不知有永字八法，提起揸笔便蘸墨狂舞，所书无人能识——这便是"创新"与"新派"之谓。结果鲁、扬、川、粤各大菜系都渐成灰色，现出趋同倾向。

菜系略同于方言方音，亦如味之不同。调和鼎鼐并不是要消灭味。

蒙元入主中国后，北人方音势大，普通话侵至南方，致使许多方音、入声字渐至消失。明之顾炎武痛感于此，曾著《音学五书》正音救弊。

救弊又谈何容易！当今文学教授，有几个能对诗成诵？按普通话发音，唐诗宋词有一半押不住韵脚。"文化大师"则信口雌黄，毫无"选学"功夫，而敢用"创新"的四六骈文为电影导演谢晋撰碑文、为南京中山陵作赋，文内尽词不达意、佶屈聱牙的烂句子，就像中国文化跟他有仇似的，必欲颠覆糟蹋而后快！

　　食界的普通话时代，将走向何处？强秦一旦统一六国，君临天下者其麦当劳乎？

菜系春秋·鲁菜篇

追求味道，可说是全民参与的集体审美。

活了八百岁的彭祖被厨界尊为庖中教主，是因为他以美食事奉过尧帝。

伊尹知味，成了商王的总理大臣。

易牙善烹，齐王不能离之须臾。

孔子食不厌精、脍不厌细，"有盛馔，必变色而作"——遇到吃请，他立马神色肃穆庄严入席，已经搞得就像与谋国家大事一般。

有这些名公巨卿的推动弘扬，鲁菜成焉。

鲁菜产生自黄河下游，其地物产丰饶，兼有滨海之利，所以烹饪技法多样，胶东擅爆、熘、炸、扒、蒸；济南长爆、烤、烧、焖、拔丝、锅塌……

其中甜菜拔丝和锅塌皆鲁菜独特烹法。锅塌是将主料腌渍入味后，夹入馅（或不夹），挂蛋糊或黏粉，油煎令其微焦，加高汤作料慢火收汁，菜式有锅塌豆腐、锅塌鱼片之类。拔丝则关键在烹制糖浆，苹果、山药、香蕉、柑橘都能入菜，拔丝铮脆香甜，菜有蔬果清鲜，大异于南方甜菜。

鲁菜味型咸鲜为主，喜入葱、蒜、酱，善用汤。吊汤不惜靡费，多以整鸡、整鸭、干贝、火腿、猪肘子一类材料慢炖，尽得其鲜。

俗云唱戏的腔厨子的汤，这汤宜指山东厨子所制。因汤而成佳肴者有很多，如像清汤燕菜、奶汤蒲菜、奶汤鸡脯，等等。因为海产丰富，食不厌精的上流社会据以发展了鱼翅、海参、鲍鱼之类宴席大菜。参、翅、鲍本身无味，全赖好汤。所以大厨所用之汤往往秘制，徒弟不得与闻。

制汤如此，制菜时更不惜靡费，一品"八宝布袋鸡"，鸡腹内充实之配料尽海参、火腿、大虾、口蘑、精肉、海米、玉兰斤、香蕈，真"满腹经纶"也！一菜即可数人饱。

鲁菜调味虽精，但更重菜之本味，味汁往往只浸表层，如像糟熘鱼片、酱爆鸡丁、糟煨冬笋、烩乌鱼蛋、芫爆肚仁一类菜品皆如此。

由于调味醇，取材精，技法源远流长，鲁菜成为华夏首先形成的菜系，领袖北方，影响遍及齐、鲁、晋、豫及西北、关外。尤其在京津颇为官宦所喜，甚至浸入皇家。

万历皇帝喜海鲜烩，除肥鸡、猪蹄筋外，更入鲨鱼筋、海参、鲍鱼同煨，此必为胶东厨子拿手菜品——烩海鲜无疑（事在太监刘若愚《酌中志》）。

近代又衍生出京味十足的官府菜、清官菜、孔府菜。

清末民初，官僚谭琢青在京城纠集同好切磋美食，不仅仅吃，还躬亲厨下，身体力行，研制出不少极品菜肴，时人号为谭氏官府菜。

谭家名菜第一品为黄焖鱼翅，乃以菲律宾"吕宋黄翅"整只入烹，从发料到烹成上桌，耗时两三天才能吃到嘴里。

蚝油紫鲍所用之鲍鱼，水发后大至小碗一般；扒大乌参，则参长可达一尺！这些食材，堪称极品中的极品，所以北京市面翅席价二十银一桌之时，谭家索价一百银，且需提前一月预订。

官府菜发展至此，已成鲁菜之累：暴殄天物，远离百姓，终非美食要旨。

近几十年，那些极品食材更是进了深宫，非常人所能问津。谁听说上饭馆请朋友吃个饭，动不动就叫黄焖鱼翅或红烧紫鲍的？即使壮着胆子叫了，端上桌来的所谓鱼翅，也不过是清汤里几根大头针般粗细的纤丝而已，至若鲍鱼，有纽扣大小就不错了。

鲁菜入京，固然可以搭上官方直快列车，但是恐怕离齐鲁也就渐行渐远了。

北魏贾思勰出生山东，著《齐民要术》，所论仅限于黄河中下游地区之民生饮食。

齐民，即平民。民本与乡土，乃饮食文化之经纬！

1998 年随友人至胶东往探其母舅，在海阳凤城住了几天，餐餐海物，烹治手法简单质朴，地方风味浓郁。烤大虾、蒸蟹、炒海螺、炸蛎黄……无不醇鲜味美，且市价公平。有一次竟直接在海滩向渔民买了十几斤大虾，计价两元一斤，回家清水煮之，蘸以椒盐，痛饮啤酒，真快活也！

鲁菜若是着力在本土，汇聚青岛、胶东、济南之长，重振传统优势，以汤、酱、糟、鲜诸种菜式为号召，吊汤尤其要远离"毒品"浓汤宝、鸡味素一类工业化学材料，庶几可以捍卫北菜领袖之尊。

菜系春秋·维扬菜篇

鲁菜之后必称维扬。《尚书·禹贡》谓"淮海维扬州"，地望在淮河与长江下游，所以菜名维扬，或称淮扬。辖下有徐州，属彭祖封地，因而厨教发达，盛产庖人。

至隋唐，扬州已成天下繁华之首，炀帝亲临再三，杜牧醉梦十年。其后更因明成祖朱棣提携，康熙、乾隆多次光顾，漕运、盐运设为中枢，豪富巨贾纷至沓来，"腰缠十万贯，骑鹤下扬州"，直把个邗国铸成了金雕玉琢醉广陵。

富庶之邦美馔，豪门巨室乐宴，山川形胜，俊杰丽姝，正宜美食、美器、美景、美人共美酒一醉。江左士林雅爱，庶民阊阅捧场。前有张岱、冒襄朋党，设席高会；后有李渔、袁枚之流，推波助澜，维扬菜遂以雅致名天下。

维扬菜取材甚广，尤以河鲜水产为最。推崇本味，追求清鲜。调味善用糖，咸中带甜，特别是维扬菜系中的无锡菜。

味之醇厚者以炖、焖、焐法治，可至酥烂脱骨，浓酽不腻，如像"扬州三头"（清炖狮子头、拆烩鲢鱼头、扒烧整猪头）、"南京三炖"（炖生敲、炖鸡孚、炖菜核）。味之清鲜者往往以爆，以炒，以余，务令其嫩滑爽脆，汤清见底，如清炒虾仁，酱爆冬笋，莼菜鲈鱼羹之类。

维扬厨师刀工极佳，不愧彭祖余绪，扬州三把刀（厨刀、剃刀、修脚刀），厨刀是其首。姑苏城内得月楼有东南第一佳味松鼠鳜鱼，若无出神入化牡丹花刀的剖法，那外酥内嫩、甘鲜香糯的至味便无从说起。

刀工好，菜型才能精致，才能人味。哪怕是碟小菜，维扬也追求精巧雅致。形式之美，永远是布尔乔亚的生活标志。

维扬水乡鱼米，得天独厚，民皆嗜鲜，所以能烹出天下至鲜，比如清蒸鲥鱼。曹寅有诗赞曰：

三月齑盐无次第，五湖虾菜例雷同。

寻常家食随时节，多半含桃注颊红。

据曹寅说，那个年代连樱桃鲥鱼（春末初至长江的首批鲥鱼，又称头膘）都可以成为寻常家食！维扬真可说得尽天下之鲜也！莫谓曹寅诳语，郑板桥亦有诗：

扬州鲜笋趁鲥鱼，煮烂春风三月初。

分付厨人休斫尽，清光留此照摊书。

鲥鱼今已不再，因为长江污染。这是至鲜至美之物，品位当在河豚以上。河豚味虽美，然有剧毒，这本就是大自然阻止人类食用而设下的预警，理同罂粟很美也有剧毒。

苏东坡拼着一死战战兢兢吃了河豚，主人家那些粉丝内眷也齐聚在门缝后面屏息凝望，直到他抚着肚皮抿着嘴皮称赞"也值得一死"，大家才放下心来：一为坡翁喜欢而欣然，二来没有毒死此老毕竟幸事。

如此品尝美味，成本是否过高？当然，若想挑战自然，拼死自便。

维扬菜以扬州为策源，顺江而涵盖苏锡沪宁杭，影响达于淮海及安徽。历史上由于皇家专宠，署理漕运盐运的庞大官员队伍加上红顶商人集团、宫廷扈从，麇集扬州，在维扬地方菜的主干上催生出盐商菜、官府菜与宫廷菜新枝。

《红楼梦》中荣宁二府家食，是扬州官府菜；林黛玉偏食之清粥小菜如酱萝卜头，则地方菜无疑。

相较于其他菜系而言，维扬菜大体上还能守住家法，味道基本不变。商界却慨叹其保守，难以外推，没有走向世界的魄力。这些人头脑中都有蛆。让维扬菜在中国遍地开花？还是像肯德基一类洋餐那样全球开店？离开了江南水乡，维扬菜就不称其为维扬菜了。

中国任何菜式，都具有不可移植性。日本超市的盒装快餐"麻婆豆腐"，味甜酸，无麻辣，指导吃法是进微波炉加热——这是麻婆豆腐吗？

中国菜主体食材取自本土，实时现场烹饪，类乎作画，宜属创作；洋餐不同，土豆、鸡腿美国产的，橄榄油西班牙的，番茄酱可能是墨西哥的，按标准工艺操作，全世界一模一样，一个味道——那是拷贝照片。

维扬菜现在尚能守住家法，值得庆幸，它要是真走向世界了，马克·吐温竞选议员时的尴尬场景就会出现：一大群肤色黑、白、红、黄、紫、酱的孩子冲上讲演台抱住他的大腿就直喊爸爸！

菜系春秋·川菜篇

　　川菜发源于蜀中，"羌煮貊炙"，羌煮当为肇端，今之火锅即羌煮现代版。蜀人依岷江降至成都后，始有川菜。《华阳国志》谓蜀人"尚滋味，好辛香"。

　　岷江冲积扇形成的川西平原，为蜀人提供了极为丰富的食材，所缺唯海鲜，陆上所产则应有尽有，且质地上乘，秦人誉为天府之国。至唐，成都与扬州鼎立天下，有"扬一益二"之说。

　　蜀人所食，滋味而外并重辛香——早在中国出现海椒之前，就有嗜辣的口味了。海椒原产中南美洲，15 世纪传人欧洲，明末始见于中国（文字记载首见高濂《遵生八笺》）。

晋人左思《蜀都赋》有句"邛杖传节于大夏之邑，**蒟酱**流味于番禺之乡"——这是汉武使臣唐蒙的调查报告：川西临邛的竹杖远销到了今之阿富汗；而蜀中**蒟酱**已在岭南大受欢迎。

蒟酱，以胡椒科植物蒌叶果制成，色黑，味辛辣。这便是当时的香辣酱。

秦人灭蜀后，"天府之国"历经中原无数次劫掠，尤其是张献忠灭绝性屠杀，蜀人几至无存，四川成为移民大省。然而尚滋味，好辛香的习俗得以传承下来，尤以五方杂处的成都最为显著。

川菜之珍，首推百姓家食。民间制菜，调味手法独特，味型变化多端，其中鱼香、怪味、荔枝、椒麻、煳辣、姜汁等味，皆其他菜系所无，因而川厨自诩"百菜百味，一菜一格"。而其所取食材，大抵普通、价廉之物。所以蜀中美馔美味，多为全民共享，此点最是难能可贵。

川菜中若以品位论高下，则馆菜（面向社会大众的饭馆、酒店菜品）如像红油鸡块、魔芋烧鸭、蒜泥白肉、豆瓣鱼之类为其典型。

往上是公馆菜，即富贵人家、官僚名流家食，又略高一筹。远至相如文君当垆卖酒时的菜肴，直至杨升庵、李调元所力荐，林山腴、李劼人所嗜食，都可以归入公馆菜之列。

林冰骨家厨做回锅肉，民国省长邓锡侯闻听后即派家人持饭盒前往讨要，足见烹制之精。

然而，味道绵长的家常菜——纯正家居经典菜品，才是川菜最高境界。

由于川菜强烈的民本因素，致使它的烹法简单明了，无非小煎小炒、干煸干烧；蒸、炖、腌、拌助之。其间绝无喷点法国红酒炆一炆、抹点鱼露爊一爊之类花头。

急火短炒，那就是不过油、不换锅，调料现兑，火功勺功全在手上，几十秒钟成菜，可谓瞬间艺术。

欲知川菜，不论何时何地，不看他"川味正宗""成都名厨"招贴，堂上落座，先点个肝腰合炒、鱼香肉丝，顷刻便知厨下路子正与不正。

要是鱼香肉丝中居然吃不出泡海椒茸，肝腰合炒看不见片与花的刀口刀面、老嫩失当、蒜葱姜入的是小料子，那定是草台班子无疑——厨子是在野鸡培训班学了两月结业，自己在杂货摊买一顶一尺高的大厨帽子戴上，就开始行走江湖了。

现今全国到处都有"川厨大师"主理的饭馆，记得甚至在新疆喀什附近，都见到过"成都正宗川菜馆"……

川菜精髓，是在四川百姓餐桌上，这是无法移植的主要原因。几千年前中原就知道最好的姜在蜀中，《吕氏春秋·本味》引伊尹说商王曰"和之美者，阳朴之姜"，阳朴在蜀郡。连曹操也知道，光有鱼，没有蜀姜来烹也枉然（见《方术传》）。

　　可见味不离乡土。

　　八年抗战，教授闻人纷纷避至西南后方，一旦与川菜相遇，便终生不忘，常常梦回柴门，再品川味。如上海何满子、北京吴祖光之流，莫不如是。他们的思蜀，与千百年来所有曾经入蜀的游子一样，终生难弃。宋陆游归山阴故土后，作《思蜀》寄情：

　　老子馋堪笑，珍盘忆少城。

　　流匙抄薏饭，加糁啜巢羹。

　　枏美倾筠笼，茶香出土铛。

　　西郊有旧隐，何日返柴荆。

　　放翁念念不忘者，甑子干饭、米汤煮茗菜、木耳炒肉、砂罐煎茶！此百姓家食也！

　　20世纪80年代伊始，经济大潮骤起，沿海风气演为时尚。内地跟风，剃头铺改名发廊，饭馆粉饰成酒楼，川菜也与时俱进地下海了。

　　川菜之败，正在它"放眼世界""抢占商机"。为了迎合市场，业界掀起了去乡土化、去平民化运动，纷纷打出"新派川菜""创新川菜"招牌。在高端宴席上，更以"科学的"低油、低盐、低刺激味型菜式相标榜。

这是川厨的自我阉割行为：川菜中出现铁板烧、锡纸包就是创新？不用酱油用蚝油就是新派？餐前送一杯柠檬水清口，就要人家六十元服务费，这社会是在鼓励人吃票子而不是吃饭。

现今即使在成都本土，饭馆的菜单上也很难看到盐煎肉、粑豌豆肥肠汤之类菜品了。一是因为这些传统经典菜品利薄，老板有所不为；再是价钱给够了，厨子还未必会做——厨界师道也已崩坏很久了。

1988 年在北京时，某次学人宴集，好像在三里河厚德福饭庄。席间说起老厚德福的豫菜当年如何如何，众意以为今不如昔。

台湾陈鼓应教授在我座右，倾谈中我对他说："如有机会去成都，我请您品正宗川菜。"

岂料陈公竟然反问："成都有正宗川菜吗？"

听到这大跌眼镜的应答，第一反应是他无知。教授随后缓缓道来："厨界真有本事的人，不是去了香港、台湾，便是去了美国。只有在那里，他们还不做假……"这第二反应是：陈教授真跩！

多年过后，方知陈公所言不无道理，虽说台湾、美国的川菜未必就正宗，但是厨界在本土社会欺师灭祖的事却在在有之。现下业界擅长之事是噱头，什么生抠、黄喉、粥底，重庆推出有"烧鸡公""胖妈烂火锅"，一看招牌就令人皱眉，恶俗得反胃。

川菜一息尚存，存于底层市井、存于偏远之地，正所谓"礼失，则求诸野"。2008 年驾车去凉山雷波县，途经犍为与沐川间的小镇舟坝，就近在路边小店用餐。随意点了两个菜：火爆肥肠、姜汁热窝鸡。一尝，味道醇厚，颇见功力，满意而去。

回程中若有所思，决定再顾其店。这次点了白油肝片、仔姜肉丝、烧什锦、大蒜鲢鱼。细品之下，断定掌勺者厨艺非凡，定是家学渊源。

虽说吃了美味的蛋不一定要认识下蛋的鸡，但是这次一定要结识此君。掌柜说师傅面浅，不好意思相见，我等一再敦请，才扭扭捏捏出来了——竟是一位丰腴貌美的女子！人如其菜，藏于深山。呜呼！如此菁华，竟至委诸于野！

菜系春秋·粤菜篇

　　粤菜分布在岭南地区，源于南蛮之食。其地有珠江河谷禽畜米粮，有南洋生猛海错，兼有山珍土产，是个得天独厚的福地。

　　"南越"去"中国"远，礼教有所不昌，所以蛮食杂，取材广，"不问鸟兽蛇虫，无不食之。"南宋周去非《岭外代答》曾记其食性之杂——

　　鹁鹈之足，腊而煮之；鲟鱼之唇，活而脔之，谓之鱼魂，此其至珍者也。至于遇蛇必捕，不问短长，遇鼠必捉，不别小大。蝙蝠之可恶，蛤蚧之可畏，蝗虫之微生，悉取而燎食之；蜂房之毒，麻虫之秽，悉炒而食之；蝗虫之卵，天虾之翼，悉鲊而食之。

真可以说已经到了四脚者除桌子、两脚者除人而外，什么都能下锅。岭南味重鲜嫩清新，追求滋补，常常以药入膳。粤菜系内，广州、潮州、东江三派鼎足而立，无相斥而多互补。

东江以惠州菜为主干，实际上是客家人口味，可溯至"衣冠南渡"，传承有中原食风。味重咸鲜，少配料，简作料，求真味。东江盐焗鸡，无非内外擦盐、略以葱和八角为味料，包纸，填埋在热盐中炒炙，类同糖炒板栗，名副其实咸鲜。

苏东坡流寓惠州，结果东江菜品大多供奉给他老人家了——东坡梅菜扣肉、东坡西湖莲、东江酥丸（王朝云谓东坡一肚子不合时宜，遂以酥肉丸子制菜）、西湖听韵（众妾星散，唯王朝云以琵琶曲慰东坡，致有琵琶虾入菜）、炒东坡……全都与苏东坡纠缠不清，而其爱姬王朝云亦因食蛇羹惊悸致病，芳魂香销于斯。

潮州菜善治海物生猛，味重清鲜淡雅。荤料素治，擅以各式酱料、味汁佐菜，如清炖白鳝蘸珠油、干烧雁鹅配梅膏芥末、龙虾刺身上橘油；鱼露、南姜、三渗酱等等皆在餐桌上各有位置，俨然遵循周礼。

清汤蟹丸、红炖鱼翅、蚝烙、鸳鸯膏蟹、炖乌尔鳗等名菜而外，更以新鲜蔬果如菠萝、南瓜、红薯、芋头、木瓜一类助烹，无意间得《内经》食道精髓。

广州菜雅称广府菜，悉统番禺、南海、顺德、东莞诸地之食，味求至鲜清淡，食材无所不包，飞禽走兽、猫狗鼠蛇、龟鳖虫豸皆在食列，所以烹饪手法繁多，煎、炒、炸、蒸、炖、煸、烩而外，还有熬、煲、扣、扒、焗、燻、焖、浸、灼、滚、烧、卤、余、泡……不一而足。

一如食材的庞杂，调味也呈多样风格，味料较其他菜系更丰富，常以海物制酱入烹，如蚝油、虾油、沙茶酱、蟹酱、鱼露一类。

重汤，宗奉养生，按季分别不同食材煲汤进补，所以有"宁食无菜，不能无汤"之说，每宴不管丰俭，桌上先上汤飨客。

晚清以降，广州已成中国门户重镇。西餐登陆，不列颠飞地近在香江，致使包容性极强的粤菜颇得洋风熏陶；更兼香港消费社会食不厌精的挑剔风气，激励粤菜迅速向精细、奢靡方向发展。

食材愈来愈精，烹法愈来愈刁，南洋之鱼翅、燕窝，墨西哥鲍鱼，日本干贝，俄国鱼子酱，法国鹅肝酱，舞弄得令人眼花缭乱。

一位厨界友人对我说，川菜是炒出来的，或是烧出来的，如习惯上说"炒个菜下酒""烧两个菜请客"；粤菜却是做出来的——粤厨确实花费了极大功夫在"做"上。

在粤菜酒楼吃个鱼翅捞饭，且看那行头与过场：厨师亲临餐位让食客过目，白手套调理嫩黄色翅汁，精致酒精灯上加热，红醋盛干白细瓷双碟，另一半置细缕如丝的酱姜……你都不知道那丝绒般滑腻浓稠的汁到底是不是鱼胶久熬使然，只会觉得文章深沉。

"食在广州"已非谀美之辞。时下，上流社会有谚云：不到北京，不知道自己官小；不到深圳，不知道自己钱少。

如果钱多的人在深圳宴请官大的人，席间肯定不能上北京红星二锅头，最普通的规格恐怕也该是 Remy Martin Louis XIII（人头马路易十三）。

粤菜的攀龙附凤，在当下是自然之理。

晋代高官何曾，日食万钱，伙食费标准比皇帝还高，但是每临餐，竟握着筷子发愁——没有合意的菜肴可以下箸。

石崇、王恺斗富，也不过用糖浆涮锅，白蜡当柴，正所谓**"雕卵雕燎"**——煮鸡蛋下锅前先在蛋壳上作画；木柴未进灶先刻上图案。这是穷奢极欲到了无聊的程度，其实真真可怜，他们就没吃过丹麦金枪鱼或者澳洲鸵鸟肉之类。

《管子·侈靡篇》提出的消费理论，异代不同时，与现代社会的消费观念却大抵近之：主张人们"上侈而下靡"，放开吃喝，尽情消费，刺激经济增长，认为社会发展"奠善于侈靡"。

以此，传统文化与现代风气合力推动着粤菜走向侈靡豪奢……国中高端餐业尽为粤系把握，中低市场多属川帮练摊。两分局面已成，食家何处下箸，委实成为难题。

五菜安在

　　汪曾祺先生说他小时读汉乐府《十五从军征》，不止一次读得眼泪汪汪，只是不明白"……中庭生旅谷，井上生旅葵；舂谷持作饭，采葵持作羹……"句中之"葵"怎么能够作羹？

　　因为现代人见"葵"字就会想到葵瓜子。可能是到了"文化大革命"时期，汪先生才在武昌领略到了绿油油、滑溜溜的"葵羹"——冬寒菜煮汤。

　　葵即冬寒菜，北方腌贮冬日佐餐，故名冬寒菜。蜀中之葵，茎、叶皆呈深绿，叶肉厚，形似海棠，叶脉时有紫色，叶柄有针刺。以之作羹，汤浓滑碧翠，菜软糯鲜香略有清苦味。直至唐时，中原还喜食葵羹，那时称"鸭脚羹"，因为葵叶展开似鸭蹼。

读汪文有些汗颜。忆幼时诵诗，每每一脸木讷，不知所云，哪里说得上动情？《诗·豳风·七月》本怨妇之辞，多辛酸苦楚——

六月食郁及薁，七月烹葵及菽。

八月剥枣，十月获稻。

为此春酒，以介眉寿。

七月食瓜，八月断壶。

九月叔苴，采荼薪樗。

食我农夫……

那时诵读，除了六七八九十月，其余一概茫然。及长，才渐渐知道，壶，即瓠，或谓匏，今之葫芦是也。苴为麻子，荼是苦菜；郁又称郁李，即车下李，蜀中叫车李子，薁当为野葡萄。

至若《诗·邶风·谷风》所谓"采葑采菲，无以下体"，除了知道菲即萝卜、葑是芜菁，俗名大头菜而外，还起了不小困惑与野思——旧时文人喜女人缠足，称弓样小脚为莲。把玩之际，嗅、舐、咬、捏、吞、抚……诸般手法而外，更撰"莲学"著作，多称《采菲录》《葑菲闲谈》之类。

大头菜与萝卜均为块根，茎叶多不用，所以说采葑采菲，无以下体，即只取下体。以此，迷莲者认为女人下体——足，乃是最有用处的价值所在。此真匪夷所思！往后竟有好长时间不喜萝卜、大头菜。

七月烹葵及菽，是说煮冬寒菜以就豆饭。有人说此处之菽应为豆叶，不确。菽为六谷之一，属华夏"粒食之民"的主食部分。饭不必一定稻麦，豆亦可充之。

作菜的豆叶称藿，就是南方各地至今喜食的豆苗，蜀中豌豆尖儿即其中上品。因为家有《黄帝内经》《齐民要术》一类旧籍，所以很早就知道葵为"五菜"之首。葵之后列藿、薤（音蟹）、韭、葱，这是先秦时有代表性的几种蔬菜。韭、葱可以不论。唯薤，今不多见了。薤其实就是藠头，状若蒜头，色白，鳞茎如笋衣层层包裹，成都人形容无赖脸皮厚谓之曰"藠头脸——剥了一层又一层"。

藠头可用糖醋腌渍。川南农家有藠头炒腊肉的吃法。由于北方人不喜欢，薤与葵一样，渐渐隐逸至南方乡野，不入富贵之家了。

然而薤在秦汉之时，当为时蔬上宾。汉顺帝永和元年（136年）上巳节，大将军梁商在洛水大宴宾客，酣醉中突然歌《薤露》之曲："薤上露，何易晞，露晞明朝还复落，人死一去何时归？"弄得座中宾客皆掩面而泣。

此本挽歌，借薤叶纤细挂不住露珠，以喻人命易逝。足见薤是人人熟知之物。结果梁商当年就死了。薤之南漂另有一事可证。某年夏天驱车至川西鸡冠山避暑，车行山下，见有路牌：薤子村。心想这就是了，此地必产藠头。

五菜中有三菜的身影渐渐淡了。百菜之首已非白菜莫属，川厨有云"百菜要数白菜好，诸肉还是猪肉香"。白菜产自地中海沿岸，经西域浸至中国北方，再南下弥漫各地。

白菜其实无香，性味淡，近乎无味，可说是没有任何个性。白菜煮豆腐只能尝出豆腐的味道，醋熘白菜就是个酸，白菜做的芥末墩儿，除了冲鼻子外可有蔬果之清鲜？

此菜入于任何菜肴都会被其他配料夺味，所以是个八面玲珑、工于事主的奴才菜品，远不似葵、藿、薤、韭、葱诸君，闭上眼睛也能判识某君到否。

葵藿薤韭葱，犹如交响乐中的不同声部，或者说，它们分别是交响乐中的弦乐器、木管乐器、铜管乐器、打击乐器、色彩乐器。低音号吹出的声音，绝不会有定音鼓的味道，倍大提琴也不会奏出三角铁的效果。那么白菜在交响乐中做什么？凭什么它能从黄河以北南下扫荡中国？

白菜从何时起位践九五之尊的？窃以为约在南北朝之际。

南齐周颙"睿智丽辞"，明辨好学，在当时奢靡浮华的社会中还算个清流人物，常常隐居在钟山村野。卫将军王俭奇怪他怎么过得惯，问"山中何所食"？周颙回答"赤米白盐，绿葵紫蓼"。文惠太子问他："菜食何味最佳"？答说"春初早韭，秋末晚菘"。

蓼生水边，叶如剑鞘，可以调味，看来周颙烹冬寒菜是放白盐紫蓼（辣蓼）。菘即白菜，周颙觉得堪与初春韭菜媲美。可能此时白菜初入中国，况且江南口味尚淡，正中美食下怀。但于此也证明，白菜当时还没有取得专美地位。

好在近年来国人已有所觉悟，北京人冬天的窗台上也不尽堆白菜了。多食菜，食多菜。嚼得菜根，百事可为。

何 谓 五 谷

天天吃饭，而不知五谷谓何者，中国有一大半人。

世上最简单的事物，往往最易忽略，也最难懂。能辨精味的人说，美味之最，莫过于饭。饭何味？饭无味。所以才有说曰：至味无味。这是要到了美食最高境界的方家，才能理解领悟的事。

饭就是今日所说的主食，从五谷中来。中国自周代始，将饮食铸为国家制度；为天子管理食事的人统属于"天官"，可见吃饭是跟天一样大的事情。管仲说管理国家就是两件事："授有德则国安，务五谷则食足。"国君要讲道德，有公信力，政权就稳当；

少唱高调，多种粮食，让人民吃饱。

《周礼·天官》记载，王之饭用"六谷"：稻、黍、稷、粱、麦、苽，其中苽是茭白子实，即茭米。由于气候与土质原因，苽很快就从黄河流域退出了六谷行列，而代以菽、麻。至秦汉，五行学说盛，谷物类主食被精选为五，称五谷，约指：黍、稷、麦、菽、稻。

麻子在某些地区曾经作为粮食进入过"六谷"行列，但以其质量原因，也如苽一样退出了主粮之列。五谷宜分说如下：

黍，禾属一年生草本植物，子实叫黍子，即北方俗称的黄米，或称秫米，煮熟后有黏性，所以《说文》释为"禾属而黏者也"。

黍能耐旱，瘠薄之地可种，因而在北方原始种植的历史很久远，是中原地区传统的主食。《诗·魏风·硕鼠》有句："硕鼠硕鼠，无食我黍"，百姓表达的第一愿望便是官家不要掠夺我的黍子，可知黍在那时是人活下去的主食。

直至北宋时期，黍仍是中原人民的主粮。王安石颂扬变法、歌唱"农村新面貌"的《后元丰行》诗中，一开头便说："歌元丰，十日五日一雨风，麦行千里不见土，连山没云皆种黍。"

黍可以做饭，或做粥、做糕，食之甘滑可口。古人以食中有黍与鸡为美馔，《论语·微子》有"止子路宿，杀鸡为黍而食之，见其二子焉"之说；孟浩然则有"故人具鸡黍，邀我至田家"的好心情。

然而唐宋之后，黍在谷物中的重要性渐次下降了。原因是中国人口比重向南方倾斜，大约为南六北四。南方稻作发达，不喜黍。迄今北方仍种植，印度、俄罗斯都种。但黍不能制膨松面包，所以从未在西方成为粮食。

稷，《广雅疏证》说就是高粱。《本草纲目》解释为"黏者为黍，不黏者为稷。"稷与黍的区别当然绝不是煮熟后黏与不黏。诗《王风·黍离》中"彼黍离离，彼稷之苗"已经描述得很清楚：黍已长成之后，稷还是苗，农时、形态皆不同。

稷其实就是民间所谓粟米。可能是因为产量高，长得也高，成为古人心中的谷神。《说文》定义为："稷，䜭也。五谷之长。"

上古以稷食为祥，以稷入于祭礼，称稷馈。稷因此又取得了一种象征性的尊贵地位；掌农事的官也称稷正。对于一个业农的社会来说，稷与社（土地神）结合起来，便成为观念中的国家。

《白虎通·社稷》说："王者所以有社稷何？为天下求福报功。人非土不立，非谷不食，土地广博，不可遍敬也；五谷众多，不可一一祭也。故封土立社示有土尊；稷，五谷之长，故立稷而祭之也。"这便是中国人之江山社稷。

麦称芒谷，全球主要粮食作物，在四千多年前从中亚传入中国。在正体汉字中，"麥"与"來"本同一物，就是今日所说麦子。"來"字出现更早，后出之"麥"易"來"字下部为"夂"，实为殇省，晚饭之意，亦即晚上吃麦面。

来义为麦，表达了麦从天方外来之意。天方即今之中东。以史上胶东曾出现过"莱夷"推测，有人认为，小麦最初应该是从波斯湾经海路到达今之山东日照。"莱夷"麦姓，即与小麦一同登陆华夏的古波斯人。

从诗经"我行其野，芃芃其麦"（《诗·鄘风·载驰》）的描述来看，麦在春秋战国时期开始大面积栽种。原因可能是同期中石磨的发明。此前小麦都是带麸粒食，不易消化。石磨出现后麦加工为面，粉食，麦之价值陡增，迄于今日。

菽，原指大豆，后泛指豆类。据《广雅疏证》，大豆名菽，小豆名荅。菽易种植，同样能耐瘠薄干旱，"保岁易为"。《诗·小雅·小宛》云："中原有菽，小民采之。"菽于是被中原人民纳入五谷范围，充作粮食。

单独以豆为饭，以水为汤，实在是穷得无可奈何了。古人因而以菽水喻清贫；以"菽水承欢"来形容孝敬父母。

稻，一年生草本，禾本科植物。《礼记·曲礼》称稻为"嘉蔬"，是最好的谷粒，用在宗庙祭祀礼上。蔬在这里读如"糈"，音许，粒的意思。稻在中国南方有七千年以上的栽培史，河姆渡遗址出土过七千年前的稻种。

稻所指包含了粳、糯一类谷物，从汉字字形看，稻从"禾"从"舀"，写作𦏧或是稻。禾像谷；舀像人站于臼上舂米，亦像人将秧苗向下掷于水田中。

稻跃居五谷之首，基于中国经济中心之南移。据明时学者宋应星说，稻产至明已占全部粮食产出的七成。此时豆、麻一类作物完全退出了粮食之列，黍稷亦萎缩为副产。粮食之中更引进了外来的玉米、土豆，甘薯。

统五谷以为饭，谷可以不同，然饭始终如一。饭与菜相较，饭无味。饭与命相较，饭乃至味。老子所说"味无味"，便是建立在这至味之上的。

日本的大和文明与华夏文明有亲子关系。然而，日本人对饭的思考似乎比中国人更其深邃，几至于到了对饭崇拜的程度。1951年，日本曾出现过一部电影就叫《饭》，讲述一个叫三千代的年轻主妇，每日重复伺候丈夫吃饭而感觉无味，进而开始了对生命的思考。

据说寿司起源在中国蜀地，六朝后期传入日本。开始只是用以制咸鱼，称"鮨"，日语读作 sushi（寿司），最后变成以米饭夹鱼贝腌制而成的"饭寿司"。没有饭团，没有寿司，日本人会认为失去了一切。看一个日本人优雅地吃寿司，就能学会从饭中品精味。

《易经》有既济卦，象曰："水在火上，既济。"这是一个吉卦。水在火上何意？煮饭。孔颖达为此条作的注疏说："水在火上，炊爨之象，饮食以之而成，性命以之而济，故曰水在火上，既济也。"

至若道士讲辟谷学仙，不食五谷，那是胡呛。你能"绝谷"，谷便能绝你。1927 年大学者叶德辉撰联讽刺农会，扯上了五谷："农运方兴，稻粱菽麦黍稷，一班杂种/会场广大，马牛羊鸡犬豕，六畜成群。"不幸在痞子运动中被杀。另一位大师级学者王国维闻讯，不日亦效屈子，投湖鱼藻轩……

说 苦

　　酸甜苦辣咸，苦列五味之中，犹如正神一尊，令人景仰。

　　说是五味，其实是概言之。舌头能尝出之味可以千百计，画笔能调出之色何止千万种？但是原色只有三种，基本之味也可以约为五。《淮南子·原道训》曰："味之合不过五，而五味之化，不可胜尝也。"

　　苦是悲情的，却哀而不怨，往往与清正联系在一起。譬如夏日苦瓜，溽暑中为人祛除邪热、清心明目、利尿解毒、凉血消乏，俨然镇邪良药，诤诤畏友。苦瓜以凛然正气，一扫五脏庙中溷浊。

试想炎夏中萎靡不振，昏昏欲睡，茶饭无思状态，此时一条翡翠苦瓜洗净切薄片，略用盐腌上十分钟，控干，加少许白醋、味精、香麻油，脆生生地凉拌，盛入白瓷碟，以之就小碗米粥感觉如何？这可是苦与酸两位正神共襄胜举，在为你执役！苦瓜镶肉丸、炒鸡蛋，都是好菜。

流沙河听说近几日我在笔下与蔬菜较上劲了，连忙嘱咐："一定不能忘了大青菜哟！"

沙河先生所说大青菜，实为成都平原特有，俗称包包青菜，颜色正绿，肉茎宽阔厚实，片片隆起疙瘩（包包即指此），状若巨榕，个大，重者一棵可达数公斤。

大青菜冬季应市，价廉，田间霜冻之后收割，味馨香清苦，鲜嫩无比。腊肉入青菜锅中同煮，肉熟后捞起切片，青菜继续炖至软糯起锅；油辣椒面、酱油、醋兑成蘸水就之，与热气腾腾的米饭、腊肉同吃，在冬天真是美味。因为有青菜相佐，腊肉此时绝无油腻之感；而米饭在清苦映衬之下竟觉出格外的浥润甘甜。

青菜之苦，一如冬笋之苦，是清逸性格使然。富贵者油大，高洁者清苦。蜀中百姓每于青菜上市之时，趁其份廉，多多买入，洗净晾晒后，腌成酸菜贮存坛内；成都市井则直接制成大坛泡菜，坛沿隔水加盖，可贮至来年。

泡青菜切碎，油锅中投入干海椒及花椒炝炒，不知不觉中就会比平时多吃几碗饭！若在炎夏，黄澄澄的泡青菜与碧绿的嫩蚕豆瓣一起煮汤，那真叫个鲜！如果是砂锅炖鱼头，则豆腐与酸菜就相见恨晚……

青菜之苦一入泡菜坛中，便会神奇地转化为鲜。制作泡菜亟须干净，稍有不洁，泡菜就会变味。所以母亲们主中馈，容不得有人干犯泡菜坛子。有时偶有疏失，泡菜水出现异味，蜀人谓之"喝风了"，救治之法先是滤清泡菜液，加白酒、糖少许，坛子移入阴凉处避光降温，投入味苦之青菜，夏季则苦瓜，旬余即可纠正。

足见苦能镇浊转清。据说韩国人揉制泡菜禁用左手，因为左手不洁。不知此事确否？若是，则可能成为证据，支持韩国先民来自蜀中的说法。

我对青菜深怀敬意，还因为在困厄中与此君相遇的那段历史。

1960年，成都平原所有农民被要求投入"深耕保丰收，密植夺高产"的战斗中。那就是人排在田间挖出半米深的沟，一沟一沟地轮番覆盖过去，谓之深耕；届时，再密密麻麻地下种，务使秧苗间没有间隙，叫作密植。一时之间川西农民全都不会种地了，而他们的祖上千百年来都在创造着中国最发达的稻作文明。

领导部门按军事建制将青壮劳动力悉数编入连队，人民公社原有的生产大队改编为"野战区"。此外尚有各系统汇集而来的"青年突击队""尖刀班""铁姑娘战斗队"……

参战人员被要求树立"战天斗地"的雄心、"改造自然"的勇气。人们不分昼夜折腾在泥地田头，白天锣鼓喧嚣，夜间火把通明。请战、报捷、表决心；竞赛、攻坚、放卫星，场面真是惊天地而泣鬼神……

其时家父亦被逐至"农村基层医疗队"，深入到成都西郊苏坡人民公社"第十三野战区"（今成都飞机公司附近）火线上，成为背着药箱的"随军医生"。

那时饥饿已经降临。"参战将士"多数开始浮肿。卫生主管部门接上级指示，要求全体医务人员统一口径，不得说浮肿是饥饿所致，而是一种流行性疾病。针对那些双脚已肿得发亮的"危重病人"，医政部门推出了处方新药"康复散"——成分是米糠加少量黄豆粉，糖精适量。此药无毒但有副作用：服用后有便秘现象。

家父因此获得有限处方权，得以在他划定的重点人群中广结善缘。他关注的老弱妇孺中，有位独居的袁姓大爷，堪称异人。早在密植深耕运动甫一开始，他就料知灾难必至，竟不顾一切在房前屋后、沟边坟头种下正当其时的大青菜。

这在当时属于破坏集体经济的个人主义行为。然而袁大爷面无表情心中不惧——他本属鳏寡孤独，无子孙可累，所惧何来？对于密植深耕或大炼钢铁一类事他从无一语，只是冷眼旁观而已。

霜降过后，袁大爷种的青菜尽得天时地利，肥壮无比。为答谢家父对他的偶尔的接济，他曾数次馈送大青菜，每次都几十上百斤。他殷嘱家父："不要怕它苦。青菜祛虚火，养胃。可以吊命。"

这是一位精于农艺的老人对一位医者的告诫。

家父优先开给他的"康复散"，他绝不多吃，每餐两调羹，就青菜汤搭点泡青菜吃下去。他说，肚子若胀大了就收不回去，细水长流命若游丝最好。

袁大爷果然安度了那个冬天，而许多人都没能过去。据官方统计数字，那一年四川总共死了上百万人。

几年之后再见袁大爷，他还是那个样子：一袭蓝布长衫，面色青白。农余做点竹编：筲箕、筛子、竹椅、扫帚一类，得空时选两样老远地送到我家。每看见他，就想到青菜，想到挑着几十斤青菜走过的十几公里乡间小路，那时我刚进中学……

说　臭

臭不在五味之中，属味之不正者，宜配享邪神位。但是南北共赏，"口有同嗜焉"。究其原因，恐怕与上古时代物质匮乏有关。

那时得食不易，又无贮藏手段，稍有疏忽，食物就腐败了。然而不能随意丢弃，因为弃食不祥。

孔子"穷乎陈蔡"的时候，就因为这原因差点冤屈了颜回——孔子已经饿得下不了床了，颜回乞得一把米回来，赶紧在屋檐下起火炊爨。

饭快熟时，孔子眼睛半睁半闭间，忽然望见颜回在锅里抓了一团饭塞进自己嘴中。于是大不高兴，便假意说刚才梦见已过世的先父，想祭奠一下，但需要干净食品。颜回连忙说不行，刚刚有块煤烟黑灰掉人饭中，玷污了好些饭粒，弃食不祥，所以我把黑灰和饭粒一并咽进肚里了……

颜回真是个老实人，倒弄得夫子颇为惭愧，喟然长叹曰："所信者目也，然目犹不足信……弟子记之：知人固不易矣！"

那是"煤食入甑中"，所污之食不能弃。若是稍有腐败变味，食物同样不能丢弃，久之，也就习惯于腐臭味了。

徽菜中有臭鳜鱼一品，颇负盛名。安徽不以水产名世，特别皖南山区更见匮乏。鱼多从相邻越地来，其间路非坦途，运输不易，耗时亦多。鱼至，多半已经臭了。而庖中圣手竟能以臭鱼烹出美味，那真叫作化腐朽为神奇！

不独鱼，其他诸如蛋、肉、豆、菜、面酱、坚果都能以臭法炮制，渐至产生了以臭为美的味型，甚至唯恐其不臭。

古越宜属东夷民族，中原谓其断发文身，与蛙黾虾蟹相处。这自然是华夏文化优越论的蔑视之辞。断发文身就是短发、身上有刺青，这是可能的。与蛙邑虾蟹处，是指其所食多腥味。

浙江近海，海产多腥。一船鱼上岸，不多时就会臭腐。所以不敢稍有懈怠，办法是用盐：黄鱼搓盐晒干，即为咸鲞。久腌而干硬者称勒鲞，稍腌即食者称白鲞。勒鲞死咸发柴，白鲞微臭无汁，吃起来仿佛在悼念鱼的干尸。

周树人、周作人兄弟都是盛赞日本文化的时候多，念及中国好处的时候少。唯于臭食，却都是爱家。鲁迅喜霉干菜入笼屉蒸得乌黑，周作人说咸鲞杀饭。

依在下看，周氏兄弟其实是不知味的。

《社戏》中鲁迅难忘与同伴偷摘罗汉豆（即蚕豆）生吃的情景，其间充满孩提时代野趣，读来令人动容。然而他偷摘的却"都是乌油油的结实的好豆"——若蚕豆长结实了，生吃便苦涩难咽，只有幼嫩的蚕豆才具清香略甜的味道，这是我等小时都领略过的。

川岛的回忆录中说："鲁迅先生因为伏园走的时候留下一块火腿，动手收拾好了，用干贝清炖，约我们去吃。吃的时节大家蘸着椒盐，很好。"

火腿炖干贝，已经很委屈两味佳品了，竟蘸以椒盐，岂不是佛头着粪？

周作人自号知堂，以他论茶论饮食诸般文字看，亦很难认为他真正知味，徒多日本饮食嗜好、心仪和风而已。

知堂者，取自荀子"言而当，知也"，后来终至不当失足，遗臭于世，知堂其实不知也！

然而，臭虽属偏锋，但难掩其"有味"。此正如鲁迅毒舌刻薄，骂人可以伤及祖宗，时人谓之嘴臭。仔细想想，他的骂往往又有些至理在。这便是臭中有味。

比鲁迅嘴更"臭"的是初唐诗人宋之问。此公状貌伟丽，却行止猥琐，为求"北门学士"一职，竟然主动请求上床伺候祖母级的女皇武则天！皇上婉拒了，诏曰："朕非不知其才，以其有口过耳"。

阻碍宋之问辉煌前程的绊脚石是真正的嘴臭，那需要大量的上清丸来解决。

说　麻

五味而外，麻是个绝对的异数。论味，麻称霸道。花椒以蜀产为佳；蜀中花椒以汉源大红袍最劲道。一粒大红袍入口，可以麻到脑袋嗡的一响，咽喉膨胀十倍，手足无措，自觉气绝……

一位福建友人初至成都，晚上在路边烧烤小摊吃麻辣鱿鱼丝，还未吃完一串，已然色变，大汗淋漓，急奔医院要求抢救。自诉症状为嘴皮肿大，疑似中毒……医生左看右看，未见嘴皮有肿胀现象。后来弄清楚了，告诉他嘴皮没有肿，是因为麻木导致的错觉。

设若这位福建仁兄真如他自己感觉嘴皮肿得像两节香肠，他那沮丧恐慌情态倒也真值得同情。此正是麻的霸道所在：它能瞬间阻断你的一切其他味觉，横空出世，独立天下，五味为之休克，五脏庙内肃然。

麻婆豆腐令人咋舌，并不在陈麻婆脸上的麻子，而是入口的感觉——麻、辣、鲜、香、烫、捆……

麻在前是为了清场，首先祛除口中苦腥异味，继之以辣，让血脉贲张，鲜香来自牛肉臊子，烫在豆腐，捆谓薄芡完全包裹着豆腐，因而状若嫩玉；烹一次麻婆豆腐，大火只需两三分钟，而其间芡要勾上三次，确保芡在锅中不团不澥。

若是椒麻鸡块，那更是麻得一统天下。三四斤重童子鸡入锅煮熟，斩块。汉源花椒拍破筛去子实，与大葱叶细剁成糁。加盐、少许酱油、冷鸡汤、芝麻油、味精兑成味汁拌匀。

鹅黄色的鸡块挂上翠绿葱糁，有星星点点紫红花椒可见。入口感觉清鲜之中别有洞天，很是异样。吃着吃着不经意就抿到了小粒花椒屑，蓦然一怔，背上起冷、唇齿间嗖地穿过一股凉意，此时之味，最是难忘。

花椒虽有罡煞之气，却绝对是祛邪扶正的豪侠。炖菜往往要投几粒花椒，是为谨慎起见，预防原料中含有异味，腌卤菜更需如此。

蜀中冬日腌制腊肉、酱肉，为防晾晒中虫蝇叮咬或气温过高而腐，须投入适量花椒。但不能过度，否则肉味变麻就非腌肉了。

如果人的脸皮也能被麻得仿佛肿胀起来，那就是麻肉了，蜀人有方言歇后语讥讽：八两花椒四两肉——麻嘎嘎（蜀中小儿呼肉为嘎嘎）……所以用花椒要慎重有度。

2004 年寓居在英国莱斯特以北的拉夫堡。房东 Migul 是位英籍西班牙人，退休工程师。也不知道他从何时开始，关注起我的厨事活动来了。开始是看，后来便问。我想是锅里冒出的气味引起他注意。

他"谦逊好学"的态度终于逼得我不能不请他吃饭。作料是从国内带过去的，食材专门到曼彻斯特香港商人那里买的。东西不凑手，记得菜单主打是糖醋排骨、东坡肉、熏带鱼、水煮肉片、牛肝菌烧牛肉、椒麻鸡（拆骨）、竹荪黄瓜汤……也只能如此了。Migul 从他的房间里提了两瓶苏格兰威士忌并全套酒杯过来。

席间，除了熏带鱼，每品菜上桌他都呼儿嗨哟地叫好，手中大号的叉勺就没停过。小女告诉我，英国人怕鱼刺，所以 Migul 不动熏带鱼。

原本还担心他受不住花椒打击，岂料这老头尝到椒麻鸡后，先是眼睛直直地盯了我一小会儿，继而便大快朵颐，将巨勺与叉子如同握筷一样，两相夹击，挖掘机似的铲向菜盘，吃到高兴处，甚至把与他相依相伴的英格兰牧羊犬蒂娜也叫了过来，让她也尝尝！

麻，天下识君者岂但在中国而已！

恶 食

刘宋元嘉时，有贵族刘邕，封国在南康。刘邕远祖可溯至刘邦长子齐王刘肥。刘邦微时虽属无赖之徒，但喜食樊哙所屠狗肉而已。刘邕却嗜食人之疮痂：

邕所至嗜食疮痂。以为味似鳆鱼。尝诣孟灵休，灵休先患灸疮，疮痂落床上，因取食之。灵休大惊。答曰："性之所嗜。"灵休疮痂未落者，悉剥取以饴邕。邕既去，灵休与何勖书曰："刘邕向顾见啖，遂举体流血。"南康国吏二百许人，不问有罪无罪，递互与鞭，鞭疮痂常以给膳。（《宋书·刘邕传》）

刘邕说疮痂味若鲍鱼（古称鳆鱼），无论走到哪里，见痂必食。朋友孟灵休患灸疮结痂，脱落在椅子上，刘邕拾取嚼之。孟灵休大惊，刘邕从容说道，他生性爱此。孟灵休于是把那些还未脱落的疮痂悉数剥给他吃了。事后灵休写信给何勖说："刘邕来访被吃，弄得我满身流血。"而在刘邕辖下的南康，两百多吏卒，不管有罪无罪，轮番鞭打，以便取伤痂供应日常食用……

此可恶之极！真令人作呕！而较刘邕更其可恶可恨至天地不容者，前后多不胜数，后赵石虎之子石邃是其一：

邃自总百揆之后，荒酒淫色，骄恣无道，或盘游于田，悬管而入，或夜出于宫臣家，淫其妻妾。妆饰宫人美淑者，斩首洗血，置于盘上，传共视之。又内诸比丘尼有姿色者，与其交亵而杀之，合牛羊肉煮而食之，亦赐左右，欲以识其味也。（《晋书·石季龙传》）

石邃做了太子揽权之后，劣迹昭彰。或肆入宫臣家淫其妻妾；或令貌美宫女浓妆艳抹，再割下她们的头盛盘中玩赏。有漂亮尼姑，则逮入宫中，先奸后杀，合牛羊肉煮食，还让手下都来尝味！

与石邃有同好者，晚明流贼张献忠。贼陷南京城，秦淮名妓王月有天人之美，落入贼手，被张献忠糟践后，蒸熟与部下分食了！

晚唐黄巢之乱，贼兵围陈州数月不下。城破，守城军民数千人被置于巨臼舂烂，贼兵煮而开人肉庆功宴。

五代时李克用转战郑洲，军粮不继，令杀俘取肉，晾干后分与士卒，背在肩上，且战且食……

人至此已经非人，自降为禽兽。

1961年，敝人念初中二年级。当时念过什么书，全然都不记得。那是最为艰难的时期，计划经济、供给制、票证，这些才是关乎生死存亡的大事。

自1949年之后，国家实际上一直实施着战时体制，四川地方政府每月为每个中学生配给十四公斤粮食。没有肉食油荤，人或为食草动物。老师面带菜色，学生有饿狼眼光。

某日，全校师生大会，校长报告说，粮食困难有望解决——科学界近期发现并培育出高营养食品：小球藻。接着便由物理刘老师（本应生物熊老师）讲解小球藻成分及食用功效。

刘老师挂出两张报纸大的示图，上面画的大圆圈内以不同颜色标示着蛋白、脂肪、醣、维生素各占比例……学生们立刻浑身来电、口内生津。

校长宣布：李政委十分关心青少年成长，特别指示，将此科学成果首先在我校试行推广，学校已成立小球藻生产车间，不日即投入生产，望同学们、特别是初中部男同学积极参与云云。

事后听说，生物熊老师抵制小球藻计划，受到校方批评。很快我们就知道熊老师为何抵制了：原以为生产车间定是机声隆隆、传送带上掉下面包那么大的金黄色小球藻甜饼子，孰料车间设备就是几只木桶，上面墨写"小球藻车间"而已。木桶放在男厕所，规定：初中部男生如厕时，小便头一截和最后一截洒于桶外，中间部分洒在桶内。

积满尿液，便翻入瓦缸，加水，植入藻种，在球场上暴晒，令其孳生一种普生性单细胞绿藻（拉丁植物名 Chlorella）。再后是澄清、过滤、消毒……其间自是臭气熏天。

食法：搪瓷饭碗内按每人定量放入米，加水，加一小勺墨绿色小球藻液，上笼蒸熟食用。那饭的味道可想而知。

敝人幼稚，竟带头抗议学校有辱斯文。当时并不知道此正是一位有权势的斯文人士胡某建议。胡公博学，独不闻元天历间，太医忽思慧著《饮膳正要》论食疗养生，文宗皇帝御批曰："命中院使臣拜任刻梓而广传之。兹举也，盖欲推一人之安而使天下之人俱安；推一人之寿而使天下之人皆寿，恩泽之厚岂有加于此者哉！"

一位蒙古族医者与皇帝，竟能重视天下百姓之饮食正与不正，其宅心仁厚如此！

抗议结果，受到校方警告处分。敝人顽劣，决定报复帮助教育过我的政治教员萧老师。

星期四劳动课下厨房时，趁人不备，觑准萧老师的搪瓷饭碗，倒掉米碗内的水，加入小球藻缸底沉淀的酽稠液体。至午，乃偷窥萧老师在食堂领饭，见她捧着那碗没有蒸熟、黑水泡着绿米的粥糊，吧嗒掉泪。一路尾随她回到寝处，又见她用清水淘洗那绿米，在酒精灯上重煮……

事后我懊悔了：那可是她半天的口粮呀！三十几年后方获机会向萧老师当面请罪，此时，她已至慈祥之年，叹了口气，淡淡说道：那时都是情非得已啊……

虽说食事神圣，但并不是人人都能像冯谖一样唱"食无鱼"；饿极了，人就会没有尊严。

学校吃罢小球藻，回到家中，"城镇居民"每季度每人可享有半斤猪肉配给。若愿放弃购买"正规猪肉"，则可享受双倍"裙边肉"配给——生猪屠宰后，需修整成型，进冻库贮存，那修理下来的零碎肉屑，边角余料，称"裙边肉"。若是母猪，则需割下乳头，归为一类，与裙边同级。

裙边肉多污秽而不易洗净；乳头久煮不烂，嚼之如橡胶。听当局说，那些好肉都因万恶的"苏修"逼债，运往苏联了，我们只能同仇敌忾将就着吃点下脚料。

因为一票可以买回两份定量，所以裙边和乳头极受欢迎，每有供应则引起哄抢。届时，肉摊前群情汹汹，挤得密不透风。人人手上晃动着户口本，声嘶力竭吼叫：

"三个人的裙边肉！"

"两个人的猪奶奶（川人称乳房为奶奶）！"

呜呼！人之自污，一何至此！

雅　食

　　吴中湖蟹，今称大闸蟹者，美味中神品也。其味之鲜，蕴五味极致，含天地菁华。晚明张岱以食蟹为胜事，每呼朋引伴，年年十月会战铁甲将军，并为文记之——

　　食品不加盐醋而五味全者，为蚶，为河蟹。河蟹至十月与稻粱俱肥，壳如盘大，坟起，而紫螯巨如拳，小脚肉出，油油如螾。掀其壳，膏腻堆积，如玉脂珀屑，团结不散，甘腴虽八珍不及。一到十月，余与友人兄弟辈立蟹会，期于午后至，煮蟹食之，人六只，恐冷腥，迭番煮之。从以肥腊鸭、牛奶酪。醉蚶如琥珀。

以鸭汁煮白菜如玉版。果蔬以谢橘，以风栗，以风菱。饮以玉壶冰。蔬以兵坑笋。饭以新余杭白，漱以兰雪茶。由今思之，真如天厨仙供，酒醉饭饱，惭愧惭愧！

壳大如盘、背鼓得浑圆的阳澄湖大闸蟹，他们竟然边煮边吃，一人六只！还吃了那么多另外的好东西，就不想想自己对社会贡献甚少？张岱一伙人自然应该道歉。不过吃法甚雅，殊可原谅。

蟹壳已至凸起，可想膏、黄堆积多厚；螯大如拳，那玉肉必然丰盈。以之就美酒玉壶冰，当然如天厨仙供！其间奶酪是胡食，脂腴甜腻，想来可以温胃。肥板鸭与醉蚶佐酒。鸭汤煮白菜如玉版；配鲜笋小菜，新余杭白米饭……

宴罢，品兰雪茶，杂干鲜果品，纵论天下时事，谠议滔滔，大肆胡诌，快何如也！

不过也有持异见者，如后之袁枚，就认为"蟹宜独食，不宜搭配他物。最好以淡盐汤煮熟，自剥自食为妙。"除了蟹不能与其他东西混吃的主张外，看来也有共识．那就是以手剥食。

大观园中开"持螯会"，聚而食蟹，凤姐把剥好的蟹肉敬薛姨妈，薛姨妈却说："我们自己拿着吃香甜，不用人让。"——姨妈不是阿乡，知道食蟹之趣，凤丫头休得拿姨妈寻开心。

足见"把酒持螯"向为雅事。

李白毫无疑问是起了坏榜样作用的：

蟹螯即金液，糟丘是蓬莱。

且须饮美酒，乘月醉高台。

太白这么一闹，还真就带坏不少人，宋祁"下箸未休恣快嚼，持螯有味散酒醒"；陆游"蟹肥暂擘馋涎堕，酒绿初倾老眼明"；人家林黛玉一个小妹妹，才十几岁，也被教唆得见蟹思酒，痛饮生愁：

铁甲长戈死未忘，堆盘色相喜先尝。

螯封嫩玉双双满，壳凸红脂块块香。

多肉更怜卿八足，助情谁劝我千觞。

对兹佳品酬佳节，桂拂清风菊带霜。

林妹妹于蟹，雅爱而已，当然绝不会效张岱党徒，一食六只。诚如宋人所说："不到庐山辜负目，不食螃蟹辜负腹。"但是也有以蟹为命者，例如清初李渔。

李笠翁认为"蟹之鲜而肥，甘而腻，白似玉，而黄似金，已达色、香、味三者之至极，更无一物可以上之。"所以家置大缸，螃蟹上市则贮之缸内，狂食不已。

更厚垒糟丘，预腌大缸醉蟹以备淡季之用，好似金孟远竹枝词就是为他而作："横行一世卧糟丘，醉蟹居然作醉侯。喜尔秋来风味隽，衔杯伴我酒泉游。"李渔与蟹有仇！一生食蟹，不知凡几。

螃蟹怀金玉而美滋美味，其形亦美。精于食蟹者，食毕仍可保全其形，令蟹不失威仪。食众粗鄙，往往嚼烂肢节，坏将军铁甲。

元人钱选深知其美，以螯钤入画中，味隽永。更画虾尾、鸡翎、蚌壳、莲房、笋箨……皆食余当弃而不忍弃之者，总名其画卷为《锦灰堆》。锦灰其实含天地菁华，蕴自然美致。虽零落星散，仍难掩其为文为章。聚而观之，俨然豹图。

糟同为锦灰：美酒已自稻粱出，所剩只糟，是食余当弃之物。唯识者知其非废物，藏于庖厨，入蟹，久之成糟蟹，味厚重醇香。入鱼，则为糟鱼，入笋，则糟笋……

李渔以酒醉蟹，即时可食，味鲜活。入虾，则为醉虾，入蚶，则为醉蚶。

醉与糟有所不同：一是取菁华即时之鲜，一是焙锦灰绵长之味。霸王可啖醉蟹，会饮美酒三百杯，百万军中取上将头颅；韩信宜吃糟蟹，寒衣素食破书一箱，曾经中分天下后来才知是梦。

钱选，字舜举，乃南宋遗民，工诗，善书画，与赵孟頫并列吴兴八俊内，国亡后隐逸。舜举大雅之人，其实以螃蟹为文章，知其一腹金相玉质，属意在两螯明月秋江。

唯关中之人不解食蟹。据《梦溪笔谈》，关内偶遇蟹，感觉恐怖，竟悬挂在大门上驱鬼！想来也是，放羊时唱上一阵信天游，回家豪情满怀地吃它一大盆泡馍多好！

得亏他们不喜蟹！现今就是阳澄湖上的沙妈妈，也拿不出最好的大闸蟹来招待新四军了——金秋蟹肥，正是人情关系网抖得厉害的时分。下家挑最贵的买，自己不吃；上家挑最好的吃，自己不买。那蟹价已经快翻到天上去了。

有时候下家自己也吃，八升啤酒，两箱蟹，吃过之后桌上就像"强拆"现场，桌下一地污秽。

劝君再勿食蟹。

野　食

君不见潟沱流澌车折轴，公孙仓皇奉豆粥。

湿薪破灶自燎衣，饥寒顿解刘文叔。

又不见金谷敲冰草木春，帐下烹煎皆美人。

萍齑豆粥不传法，咄嗟而办石季伦。

干戈未解身如寄，声色相缠心已醉。

身心颠倒自不知，更识人间有真味？

……

——苏轼《豆粥》

刘秀起事尚未得手时，兵败河北西部的滹沱河。将渡，天寒无食，冯异献粥。第二天，更遇风雨交加，冯异抱柴草燃灶，令刘秀向火烤衣。那时，哥俩哪会想到这一把能赌赢？

史载，刘秀幼而木讷，家人认为不会有大出息。稍长，过新野，闻阴氏美；至长安，见执金吾威仪，因而感叹："仕宦当作执金吾，娶妻要得阴丽华。"他的大志居然就是当一名中央警卫团战士、娶个小家碧玉如新野阴丽华那样的老婆！

谁知当年刘文叔竟做了皇帝，冯公孙成了开国元勋，这岂是河边喝豆粥时想得到的？然而却正是在那一刻，命运陡然将两人荡漾到了巨浪尖上，所以坡翁洞见"干戈未解身如寄"，他们那真是身不由己！哪里还顾得上细品豆粥味道？

石季伦则大不然。金谷园中豆粥待客，厨下粗使丫头也是一流美人。客人在他那别墅中上个厕所，往往都会误以为进了内眷闺房：但见房内陈设纱帐茵褥，美人侍候巾栉香汤，如厕毕，那些漂亮丫鬟便七手八脚帮你洁身，脱下你的内衣如同秽物一般丢弃，为你换上新洁内衣，再恭送你出去……

处理"出"事就这样大费周章，那请人喝粥乃"入"事，自然更加考究。

王恺与石崇较劲，开头一直不明白他家豆粥为啥那么好喝，而且一说起要喝，厨下立即就能送上，须知豆子可是不易煮烂的东西！后来才知道，石家煮粥以韭菜末子杂麦苗捣烂同煮，豆是预制为熟粉的。但是终归不明底里。苏东坡也没猜出是怎么做的。

石崇萍齑豆粥与公孙仓皇炊爨，喝的都是粥，而食者不察，趣味全在"野"上。

滹沱河风雨交加，既云湿薪破灶，想来恐在颓庙，主仆二人忧心如焚，何来雅兴体验野趣？

石崇锦衣玉食，"声色相缠心已醉"，雅兴倒有，只是没机会体验。但是他知道把麦苗韭菜捣烂取汁，趣味毕竟不俗。

坡翁说他们全都不谙人间真味，所说甚是，因为他们身心颠倒，不能像个普通人那样简单地生活。

1968 年乃学生末路，全体中学生皆被驱至乡野山间接受"再教育"。驱逐令甫一下达，即有少数不轨分子"策划于密室、点火于基层"：想辙逃避。

其时我的女友兄妹及其二三相知都想铤而走险，找个地方躲过此劫。我等选择了一个传闻有响马的地方——四川凉山。因为是民族地区，地广人稀，管制相对宽松；加以土著剽悍，亦民亦匪者藏其间，想来应有活路。

我们投靠的正是一位早年从成都流浪过去的江湖人士，他的正式工作是森工局伐木工，其他副业不得而知。按照计划，先过去三位哥们探察虚实，其余随后再至……

一个月后，我与女友乘上长途客车，向西昌颠簸而去。一路上司机都在骂骂咧咧说怪话。他选择的路线是从成都至峨眉、峨边，进凉山。路很不好走。司机疼惜他的车，遇休息时，他居然提着铁皮桶，到很远的地方汲水上来擦车。还没擦拭到一半，水已成了泥浆。

这时，一位挎着红卫兵包、军便服前胸袋插一把牙刷的彝胞，在桶里涮了一下毛巾擦脸，司机竟破口大骂："妈的×！你把老子的水弄得黑黢黢的！"彝胞甚是委屈，全车乘客无人吱声——双方都不得罪，明智地选择谨慎从事。

第一晚车至甘洛，司机在旅店下客后扔下一句"自己注意安全！"就扬长而去。找店老板登记，发现旅店竟然不收钱！问住哪里？回答自己找，哪间房空你就住哪间……

结果当夜就在木头搭的床架子上，和衣蜷缩着对付过去。第二天早上吃了些自带的饼干。晚上再住越西，重复上一天的经历。第三天住喜德，重复第二天的经历。第四天黄昏时分才到了西昌城外……

辗转找到那位江湖人士的住所，门口有人向院子内暴吼：

"踔哥，有人找！"良久，才有个瘸子一脸不高兴地从房间内钻出来。

不说久仰久仰，不问旅途如何，不讲任何礼数，仿佛对待丘二，只说"先吃饭"。意思饭余再谈。

接着便领我们至院后昏暗的厨房中，拉开灯，朝屋角的柴草堆里踢了一脚："起来！给他们弄点吃的……"

草堆窸窸窣窣响了一阵后，钻出个上身汗衫、下穿床单布肥脚裤衩子的胖女人，头发上挂满了草屑，睡眼惺忪地看着我们。其时我们的面容与女人并无区别：几天旅途已是满面黑灰，嘴皮开裂。踔哥说他就不陪了，因为牌桌子上走不开。

女人随即灶内生火，舀米在大铁锅内，掺入水，盖上巨大的木头锅盖，开始煮粥。

炊烟熏得满屋子人流泪，女人也不说话。不多会儿，听到锅内咕嘟有声，这时，见她从灶门上方的铁钩上扯下一大块烟熏腊肉，然后两手握住锅盖横梁，费劲地移开，将滴着黑油的腊肉扑通扔进锅里，又盖上锅盖。

几把柴草燃尽，粥好像有点煮焦了，锅内散发出腊肉与焦香味道。

此时我方兄弟都已会聚屋内，嗷嗷待哺。女人再度揭开锅盖，从粥中抓出腊肉。拍拍烫得难受的手，用灶台上一块黑腻抹布抹去腊肉上粘的饭粒。腊肉置于砧板上，桌下摸出一柄斧子，砰砰砰一阵砍，大块腊肉装入盆中，这时她才说了今晚的第一句话：

"我再给你们摸点酸菜……"

她涮了一下手，把个肥大的臀部对着我们，探身在半人高的坛内摸酸菜……

那晚，混着腊肉黑油、焦煳生锅的咖啡色浓粥，又烫又香；啃着腊骨头，就着老坛酸菜，成就了此生不可重复的一次美食体验。惜乎那粥连名称都没有！

不足两月时间，我们幼稚的流浪计划，就在钢铁般的户籍制度面前粉碎了。当年，胡宗南的国军从成都流窜出来，妄图负隅顽抗，也是在西昌溃败的。

妖 食

史上说，高祖起沛丰，乡党喜食狗肉。舞阳侯樊哙微时为狗屠，曾以狗肉飨刘季。

从前读到这个地方，并不在意。后来再读到蒯通说韩信曰"狡兔死，走狗烹……"便联想到沛丰之人实在缺德少义：狗帮过你，对你忠心不二，为你奔突追逐，到头来你却处心积虑、巧言令色、心怀鬼胎、掩耳盗铃、瞒天过海、虚应故事、老谋深算、心狠手辣，以冠冕堂皇的理由烹食了朋友！

秦相李斯也是刘邦一类狠角色，不过他在败于赵高之手，父子同赴刑场之际，想起了他的狗，乃对儿子说："吾欲与若复牵黄犬，俱出上蔡东门逐狡兔，岂可得乎！"

这时候他才意识到，当年在河南上蔡，牵着狗出东门打猎有多幸福！

食事，毫无疑问有伦理在。

王徽之雪夜访戴、排门看竹，都是风雅事；南宋废帝刘昱通宵达旦逮耗子、庙中偷狗烹食，则千古荒诞恶行。中国文化中的仁心，是一种大悲悯，食事又岂可例外？

1999 年夏，《四川日报》副刊在美食家苏东坡的家乡眉山开笔会，地方当局自是热情接待，派出部长做东。

舞文弄墨之徒高谈阔论过后，胃口都好。部长陪席，明智地选择了低调从事：不掉书袋子、不炫示文才，唯愿诸公吃好喝好。

席间，主人重点推荐看家美馔：霸王别姬。须臾，"姬"先上场了，铜盆火锅置桌上，内炖整只乌鸡，沸汤涌雪，姜黄葱绿，点点枸杞红似虞姬樱口，正是浓妆艳抹，楚楚动人，但不知"霸王"何在？部长说马上就来马上就来！

在主客翘盼中，服务生手捧浅盘托上一只肥硕的大甲鱼，甲鱼在盘内费劲地划动四肢，幻想逃逸。惊愕之际，服务生已将

"霸王"推入火锅中。

部长立即握起尖头长箸，向尚在汤中挣扎的甲鱼背戳去，殷红的血自沸汤中冒出，部长赶紧用汤勺舀出尚未完全相融的血汤献客，说此时之味最鲜、最补，并敦请客人赶快动手。于是万剑直指垓下，项王身首不全……

我黯然地离席了。不知何故，蓦然忆起李义山——

人生何处不离群，世路干戈惜暂分。

雪岭未归天外使，松州犹驻殿前军。

座中醉客延醒客，江上晴云杂雨云。

美酒成都堪送老，当垆仍是卓文君。

鳖与鸡同煨，本是好菜，郑板桥喜食。同炖亦可。只是如何吃，就有格调高下的问题。

台湾有名张北和者，谓是厨中怪杰，儒雅庖人。他做此菜，将鸡拆骨去头，鳖去四脚，鳖头自鸡颈中穿出，鳖甲覆于鸡身上，慢煨之，说是有"缠绵"之意。菜上桌时，鳖伏鸡上，鳖首昂然，似性交之状。张姓"儒厨"为此菜起名叫"王八戏凤"，可谓恶俗之至！

据朱振藩《笑傲食林》，此人更善以"不典之物"入菜：淫羊藿炖鳗——据说唐明皇曾以淫羊藿提升性能；石虫炒玉笋——

即鲜虫草炒乳猪小鸡鸡。

令张氏声名大噪且斩获台湾1983年"金厨奖"的菜品竟是炖牛鞭！取牛阴茎约二尺许，剥离输尿管与虫草同炖，蟠曲于盘中上桌，朱振藩说"相当的有看头"。

吃什么补什么，历来妖僧妖道所为。太监刘若愚狱中著书，便道出了他们苦涩人生中的荒诞食事："内臣（即太监）又最好吃牛、驴不典之物，曰'挽口'者，则牝具也；曰'挽手'者，则牡具也。又'羊白腰'者，则外肾卵也。至于白牡马之卵，尤为珍奇贵重不易得之味，称'龙卵'焉。"

太监争食，是因为他们幻想能重新找回被阉割掉的东西。皇家也争食，却在幻想无限制地繁殖自己的家族。

孔子告诫士人"君子远庖厨"，非掩耳盗铃，其意在淡化人的动物本能。茹毛饮血时代，生吞活剥。流风所及，就有拴驴店堂门前，客至，上下左右打量毛驴，相中哪块，店家便割取哪块现场烹饪，而罔闻驴之惨叫。在店家，是残忍谋利；在食客，是图妖食之乐。两者皆失人道。至若活吃猴脑、进补婴儿汤，更其恶心，令人作呕！

清宫御膳房有一道为皇帝准备的"清汤虎丹"，乃以小兴安岭雄虎睾丸，大若小茶碗者，以微沸鸡汤慢燀嬅几个时辰，剥去皮膜，渍味，快刀片为薄张，摆盘作牡丹花卉，佐以芫荽蒜泥……

皇家的龙鞭凤牝非常人之食，去天道亦远。《礼记·礼运》云："夫礼之初，始诸饮食。"人类文明最初是从饮食活动中产生的。吃什么、如何吃，都在诠释着文明与野蛮。

以一本《厨师之旅》风靡全球的美国厨子安东尼·伯尔顿（Anthony Bourdain），讲述过他在越南的一次妖食体验——

吃早点的时间到了。这次我打算吃一些我确信能使自己变得很强壮的东西……

一名侍者咧着嘴笑着走了过来，手里拿着一只麻布袋子，里面有东西在蠕动。他将袋子打开，小心翼翼地将手伸到里面，抓出了一条邪恶地发出嗤嗤叫声、看上去很狂怒的四英尺长的眼镜蛇。当我点这道很特别的菜时，我想，估摸着饭店里的员工们大概早已习惯于看到这一幕了。侍者把眼镜蛇放到地上，用带钩的刺棒刺它；它昂起头，鼓胀着颈部。在场的所有员工——除了那位驯蛇的，都往后退了几步，神色紧张地傻笑着。驯蛇侍者——一位很不错的年轻小伙子，上着排扣的白色衬衣，下着侍者的黑色宽松裤——他的右手绑着一块很大的绷带，这让我对他缺乏足够的信心。眼镜蛇朝我瞪着它那珠子似的小眼睛，努力地搏斗着。

驯蛇者将它放到地板上，允许它滑行一会儿。我很快喝完了剩下的啤酒，尽量保持冷静。一名助手端着一只金属盘，一只白色的小酒杯，一把装有米酒的壶和一把剪刀过来协助他。这两人拾起眼镜蛇，将它完全伸展开来。驯蛇者一手掐住了眼镜蛇的七寸，助手将蛇尾向下伸展开来，驯蛇者用另一只手操起剪刀，刺入蛇的胸部，剪下了心脏，一股红褐色的鲜血洒到了金属盘子里。所有在场的人都很兴奋地观望着，侍者们全身放松了下来。他们将血倒入了玻璃杯，与少量的米酒混合在一起。这颗蛇心的样子像牡蛎，还在搏动着就被轻轻放入了小酒杯中，拿到了我的面前。

这颗小小的红白色的东西仍在跳动着，躺在杯子底部小小的一摊血泊里，有规律地上下搏动着。我将杯子放到嘴唇边，仰起头，一口吞了下去，它就像是一粒小小的奥林匹亚牡蛎——极其活跃的一粒。我微微咀嚼了一下，可是这颗心还在跳动着……跳动着……跳动着，直到将它吃下肚里。味道怎么样？说不出个所以然。我全身的脉搏抽动得很快，清晰可见。我一口喝下蛇心酒——这种血和酒的混合物，享受着它的味道，一点也不坏——如同一块烤牛排上渗出的汁——令人精力充沛，只是微微能感觉到它是来自于一条爬行动物的。到目前为止，我的感觉棒极了。我已吃下了一颗鲜活的蛇心。林以我为荣，许多孩子也都这样认为。整个楼层的员工们都咧嘴笑着，女孩们也害羞地傻笑着。刚才那位驯蛇的小伙和他的助手在忙着切割蛇身。一大团雪白的蛇内脏滚出了蛇身，落到了一只盘子上，紧接着滴下一粒墨绿色的蛇胆。

"吃了这个对你很有好处，"当一名侍者将蛇胆和一些酒温和到一只酒杯里递给我喝的时候，林说道。这会儿蛇胆呈现出极度的绿色，令人食欲大开。"喝了它可以使你变得更强壮，而且味道很特别，很特别。"

我一口气喝下了这杯绿色的液体，吞下了蛇胆。味道苦苦的，酸酸的，很不好喝……

知味，乃厨师天赋；审美，是厨界品德。仅以此节记叙来看，安东尼·伯尔顿绝非良厨，更不必说是美食家了——他倒真应该去写惊悚小说。

豪　食

江南船菜出自水乡，食色同道，以精致演为风雅。

川人行船大江，性命相搏，每于激流险滩之曲，两岸猿啼声中，泊船支锅，聚食共煮。锅内多放麻辣辛香之料，也不管它天上地下、水中土里，凡能进五脏庙者，皆不免入锅，边涮边吃，相与痛饮，是为羌煮，也即火锅发端。

这是励志，也是壮行。炊江煮海，唯愿明日起航发个利市。

同是船食，在江南是吴侬软语，巧笑倩兮，美目盼兮；在川江，却是号子高亢，纤夫力拔山兮，舵手九死一生。这便是羌煮貔炙的粗豪。

长江溯其源，可至岷山岷江。岷江在羌地，羌地是蜀人发祥之所。中原诸夏祖黄河，西南诸夷祖岷江。

长江上衔藏彝走廊，东流入海与黄河相汇，其实是夷、夏艰难交融的通道。川江行船正是这种艰难的象征。从阳刚沉雄，至阴柔之美，有很长的路要走。

时下，火锅在成、渝两地，几占餐业半壁江山。

重庆向称火炉城市，盛夏酷暑可见光膀子男人围食火锅，麻辣难当，挥汗如雨，一边冰镇啤酒，一边袒腹卸衣，鼎沸喧嚣，好似打架。成都妹儿却在火锅边柳眉倒竖，手不停箸，鼻尖冒汗，口红歪到了粉脸上，正吃得忘乎所以。

市井中火锅菜品数以百计，每菜吃两筷子即可撑到走不动路，然而食客往往管不住嘴巴，吃着吃着，就把火锅吃成了司母戊鼎炖整牛。不知日本人是否从中得到了启示，相扑界催肥运动员就是用火锅，不同只在味料和食材。

成都重庆，火锅同源同流，但有差别。重庆追求力度，若未将食客麻辣到涕泗滂沱、通体汗湿，便死不罢休，所以人说重庆火锅"燥辣"。成都求味，麻辣稍缓，属意在汤味，鲜辣之中，追求味厚。坊间一度谣传，成都老板在火锅内下毒——罂粟叶子或成品海洛因，否则，人怎会对它上瘾？

毋庸赘言，羌煮最初并没有如此复杂。

据《齐民要术·羹臛法》，羌煮就是将鹿头炖煮至熟，洗净后切为二指宽的小块；同时以二斤猪肉切碎，加姜、橘皮、葱白、花椒、酒、盐、豉汁，久炖成浓汤，鹿头肉蘸汤而食。

想来味道不错：鹿头皮韧而膏腴，鹿头肉细嫩无渣，裹以五香猪肉汁，风味独特，由成都夫妻肺片可以推想。

至若貊炙，《释名·释饮食》说是："貊炙，全体炙之，各自以刀割，出于胡貊之为也。"略同于烤全猪全羊，待熟，食客自以刀割而食之。

《齐民要术》不载貊炙，但有"炙豚"之法：整只乳猪开膛洗净，腹内塞茅茹，穿于柞木上，"缓火遥炙，急转勿住"。

用小火，使乳猪与火苗保持距离，不使火直接接触被烤之物，不断转动，令其均匀受热。一边转动，一边在乳猪身上涂抹清酒、鲜猪油和香麻油。这样烤出的乳猪，"色同琥珀，又类真金 入口即消，状若凌雪，含浆膏润，特异凡常"。

烤与炙的区别，应在火是否接触食材。如食材表面受火，即为烤；未直接受火，即炙。现下的烤鸭、烧鹅，其实都是貊炙余绪，倒是巴西、南美烤肉是真"烤"。

旧时北京有"南宛北季"专营烤肉，烤出的牛肉嫩似豆腐，满堂飘香。其实那也是炙出来的，炙法是：羊肉或牛肉大刀拉切柳叶片，蘸味汁后置铁炙子上炙熟。味汁以酱油、醋、姜末、料酒、卤虾油、葱丝、香菜叶调成。

烤肉食法分为文吃与武吃，文吃自然是淑女绅士小口慢嚼。武吃是围炉站立，一手托味汁，一脚踩在长条板凳上，手握长竿竹筷将肉片蘸饱味汁后，夹在火炙子上翻炮待熟，与糖蒜、黄瓜条、热牛舌饼同嚼。

若是佐酒，则"醉烧刀"白酒一斤，宜饮以大碗。杨静亭是道光间人，曾咏此——

严冬烤肉味堪饕，大酒缸前围一遭。

火炙最宜生嗜嫩，雪天争得醉烧刀。

无论羌煮，抑或貊炙，皆有豪气在。

袁世凯奋发有为之时，日食鸡蛋十四枚，早六枚，午、晚又各四枚；每餐馒头一斤，日共三斤，其他肉菜无算。

人或谓这是饭桶！袁世凯未悖食道，不是饭桶。他敢冒天下之大不韪，复辟称帝，对历史潮流说不，怎么看也算个人物。窃国不窃国当另说，在中国谁掌权谁都容易窃国。只是当他发达之后，用鹿茸拌高粱饲填鸭，以此补身，则大谬不然了，自此才进入饭桶行列。

现代人胃弱，教授早餐就是一杯牛奶两片土司，加个煎鸡蛋的时候都少。乾隆朝那会儿的高级知识分子哪有这么斯文！

大学士汪由敦早朝，上问："在家食点心否？"这本是最高领导的关怀，意思是这么早你就赶来上班了，可别饿着肚子啊。

汪对曰："臣家贫，晨餐不过鸡蛋四枚而已。"你就说吃还是没吃罢了，怎么又说起吃了四个鸡蛋，还哭穷装蒜表白自己节俭！

结果，"上愕然曰：'四枚即四十金矣！朕尚不敢如此纵欲，卿乃自言贫乎？'"乾隆说，四个鸡蛋就得四十两银子！我都不敢这么奢侈，你还说你穷！

汪学士立刻意识到他惹祸了：乾隆高高在上，为他办伙食的内廷御膳房、光禄寺官员，尽皆贪墨之徒，将伙食费报得虚高无比，使乾隆误以为自己开支浩大。

此时一不能使皇帝生气，二不能得罪光禄寺同僚，这汪师茗即刻"诡辞以对曰：'外间所售皆残破，每枚数文而已。'上颔之。"——说民间卖的都是破鸡蛋，只几分钱一个，这才糊弄过去。

亏得他身体好，若非每早四个鸡蛋，那跟皇帝在一起一惊一乍一身冷汗，早虚脱了！

有清一代，皇上的伙食官员似乎很喜欢在鸡蛋上打主意。光绪帝也曾问过他老师翁同龢："南方佳肴馔，师傅何所食？"翁说鸡蛋。"帝深诧之。盖御膳蛋四两银一枚，不常供。"——光绪很诧异，因为鸡蛋在他的账单上四两银子一个，还不能轻易吃到！

有时候，豪食与妖食之间，只一步之遥。晋王浑之子王济，才俊之士，"性豪侈，丽服玉食"。晋武帝上他家，席间有蒸乳猪味美，帝问制法，答："以人乳蒸之。""帝色甚不平，食未毕而去。"（见《晋书·四十二卷》）

用人奶蒸乳猪，不亦悖伦理乎？连皇帝都觉得不对味，离席而去。王济后来之败，与他的骄奢淫逸不无关系。

最 是 家 常 味 难 忘

母亲擅制家常小菜，蜀中妙品无一不精。至今忆及，仍如张翰之思莼鲈。

◎激胡豆

越年干胡豆（即蚕豆）置铁锅内慢炒，务令火力缓缓达于铜豆铁心之内，使其均匀受热，渐至焙熟生香。

姜蒜末、细葱花、鲜辣豆瓣酱、砂糖、盐、酱油、味精、醋、生菜籽油调成味汁置带盖大碗内，兑上大半碗凉开水。藿香叶细切撒碗内。

炒豆时需有耐心，勤翻动，防止焦煳，直至铁锅似已烧红，胡豆颗颗炽热似炭，酥香扑鼻之际，迅速铲入味汁碗中。热豆与汁水相遇，嚓的一声，激出一片氤氲水雾，立刻扣上盖子。

须臾，胡豆即可饱吸味汁，涨发绵软，胖嘟嘟地披红挂绿，状若张飞。除了酥香而外，更兼咸鲜酸辣，略有回甜，其中菜籽油与藿香炝入豆肉，有特别异香，宜饭宜酒。以之就清粥，是夏日至味。

以此法治黄豆与豌豆亦可。

◎辣辣菜

川西平原，百姓人家不以芥菜籽磨制芥末，而是直接采尚未开花的嫩茎，俗称蛮油菜者，做成辣菜。

此菜成都市井名为辣辣菜，或曰冲（读如从，四声）菜，旧时有小贩专门制售，沿街叫卖，吆喝声凄婉悠长：辣辣——菜唉……

制法：蛮油菜洗净晾干，切细丁，入温锅翻炒至热（不可大火炒熟），铲入碗中压实，密闭。

隔夜取出，其味冲鼻。撒入盐、红油、味精拌匀。以之就饭，一咀嚼即会辣劲上涌，封堵口鼻，顿时热泪盈眶，半天缓不过劲来。每于此时，大人会教导小孩：冲菜入口，即须闭气，咽下之后才可以呼吸，这样辣味就不会穿鼻而过了。

辣辣菜与芥末的区别在于，后者是味料，不能单独食用；前者却是鲜活菜品，极具个性，一旦吃过，便永不相忘。

◎萝卜干

冬日趁时节，将水嫩红皮萝卜去茎叶根须，洗净，切筷子厚大片，再纵切成筷子粗细的条，但保留一端不切通，状似梳子。

室外牵细绳，"梳子"挂于其上，晾晒至走水大半，萝卜表面已干缩卷曲，但整体尚柔软时，取下。炒熟盐，投花椒少许，搓入萝卜干中（亦可同时拌入适量辣椒面），置细瓷坛内，压实，加盖密闭。

月余，萝卜干返潮，浥润生香。取以拌香麻油加味料佐饭，绵韧爽脆，咸鲜小辣，回味中有萝卜清甜。即使不再拌入其他味料，直接取食，也不减美味。瓷坛内偷食萝卜干，乃儿时一大赏心乐事。

制胡萝卜干则不同，晾晒前不能切为梳子状，而是抱柱剞成螺纹花刀，剞得好，可使一条胡萝卜像弹簧般拉长。晾干后，不使盐，取其甘甜。

食时，切碎，加小葱花、油辣椒、盐、酱油、味精、白糖少许，与花生仁同拌。视觉口感：一脆一韧，一红一白，香甜交融，咀嚼之下似肉非肉，以之就酒，真无上妙品！

◎炒牛肉臊子泡豇豆

豇豆细长而肉质密实者，宜制泡菜。泡前洗净，晾晒至表面干燥、通体柔软时，挽成小柴把，入坛中压实，盐水漫过生菜。

旬余取出，豇豆仍呈青绿色，没有完全断生。此时食之，尚存清香；若继续泡制则会充分发酵乳化，慢慢转为金色，味转醇厚。

青绿泡豇豆数把切如玉米粒，小青椒数只亦切成玉米粒。牛腿肉重约豇豆三成，去筋缠，粗剁，下油锅酥至微焦，迅即控干油，下青椒豇豆，略翻炒（不可久熬，否则破坏豇豆青脆），放味精起锅。

此品咸鲜酥脆，风格清逸，若以之就甑子干饭泡米汤，粮市行情或许看涨……

◎鸡米芽菜

真正叙府芽菜一斤，淘洗干净，挤掉多余水分，细切。鸡胸肉半斤切细丁，薄芡、料酒调和码味。青、红柿子椒各半个切小丁。

锅内放素油烧熟，下姜、蒜末炒香，入鸡米解散；下青红椒丁炒断生，即入芽菜翻炒（芽菜腌制时已有饱和盐分，故不能再添盐），放味精起锅。此菜有色相，耐吃，可以煽动食欲。

◎粑豌豆

干豌豆加碱，煮至泥烂，滤干水分，状若田间肥泥，色泽金黄，市井谓之粑豌豆儿。

豌豆加碱后能生出特异鲜味，成都百姓嗜食，旧时有小贩走街串户专卖此者。主妇买上一坨，锅内置猪油反复煸炒，尽量除去水分，俗谓"炒翻沙"。然后烹入清汤，放盐。汤滚几遍，放数茎青苗如豌豆巅儿或菠菜叶略烫起锅，撒上葱花味精即可上桌。

此汤金黄浓稠，青苗葱翠娱目，味清淡鲜香，真黄金玉液！坊间将其延伸为"豆汤饭"：大锅炖猪骨、肥肠；取汤在另锅煮粑豌豆。饭置漏勺中，入汤锅余上数次，翻入碗中，浇上少许肥肠片、葱花，附送红油泡菜碟子以就。

这是底层百姓最价廉味美之佳食，而上流社会亦有同好。上海美食家唐振常出身旧家，精于辨味，离蜀四十年仍不忘粑豌豆肥肠汤。成都"饮食菩萨"车辐曾答应以此招待唐老先生，结果客到之时竟未买到粑豌豆和疙瘩肠（猪小肠结子），令唐老抱憾至死！

◎鲊海椒

青海椒长夏时分应市，蜀中百姓每每爱之惧之。伏天酷热难当，家食常以稀饭消暑。市井中，街邻喜于晚饭时捧大碗粥，屋外纳凉就餐，小菜往往即油煎青海椒。

一碗炒青海椒，多数极辣，咬一小节入口，像在唇齿间喷火一般热辣，令食者涕泗滂沱、汗流浃背，张口晾出舌头拼命煽风，里巷之中一片嘘声。小儿且怕且食，缠着大人挑选辣味温和者……

为了降低辣度，整治青海椒之法，可用鲊（读作 zà）。

青海椒粗切，晾干水气。粳米糯米各半舂为二粗粉，粉为海椒的六成。

盐下锅炒炙后，与粉一并拌入海椒略加搓揉，装入陶罐压实，罐口以干净稻草塞紧，倒置于水盆中，以阻隔空气。

密闭二十余天后即发酵脂化，海椒返潮浸润米粉，两相紧裹，略有酒香。秋冬时取出，旺火油锅煸炒至熟，犹如雪抱翡翠，香糯清辣，以之就饭，老少咸宜。

◎盐白菜

大白菜洗净晾干水气。炒熟盐，混以花椒粒，涂抹两面菜叶后，置平底瓦钵中摊开，层层相叠，上压重物，加盖。

渍数日，白菜出水过半，清脆有韧劲。取出细切，略以辣椒粉、白醋、味精拌之，无须油。此品素雅清渭，尤宜病体初愈、食欲开张之时小进。

◎红苕豆豉

黄豆泡发后笼蒸至熟。红苕洗净去皮，上笼蒸熟，捣如泥，加足量盐、老姜末，混入黄豆，团成煤球大小，置阴凉处。

不数日，表面长毛，已然柚化，移至室外太阳下暴晒。渐至收汗，凝缩，贮之竹篮，挂通风处备用。

将青蒜苗细切约一厘米长段，豆豉团压碎略剁。锅内素油烧热，下豆豉油煎至酥脆，再倾青蒜苗入锅炒香，撒味精起锅，宜就汤饭。

◎米汤干苕菜

苕菜，即巢菜，古称薇，叶片圆且细小，苞芽有极纤细的绒毛，状若银毫。

巢菜分大巢小巢，蜀人喜食者小巢；大巢称为江西苕。

苕菜其实只是农家种为绿肥之用的，并不收割。农田改用化肥后，无人再种，苕菜渐至绝迹。旧时，农家趁巢菜新嫩时采苞芽，洗净后，在开水锅中焯过，滤干，太阳暴晒。待晒至枯脆，即贮之瓷坛，来年可食。

取食时，先在水中泡软，煮沥米饭得米汤，以米汤煮干苕菜，锅中放盐、老姜末、猪油。除了果蔬之香，甚至可以吃出太阳的味道！但据说不能以此菜下酒，否则将出现气短。未知确否，反正儿时总听人们这样说。

昨日盛宴今不再

甲申秋（2004年），友人黎鸣与贺雄飞自北京来成都签名售书，相见甚欢。

黎鸣在学界有"思想狂人""哲学乌鸦"名号，所到之处铿锵激越、声震屋瓦，听众云集而他人无置喙余地。雄飞出生在内蒙古草原，出版家兼治犹太学，铮铮北方汉子，有国士之风。两人中气都足，胃口自然不差，吃遍大江南北，肚内所入尽五侯鲭。

某日，几场演讲下来，人也饿了。在下虽非成都市长，但也有责任向燕赵诸公荐成都真正美味，况且与黎、贺皆相知不外的朋友。于是径领各位至红星路侧小巷爵版街，一人一碗冒菜、两个红糖锅盔。

冒菜：不锈钢深桶置大火上，桶内五香卤汁沸反盈天。大漏勺内拣盛粉条、豆皮、海带、鲜菇、藕片、鸡鸭血以及各类时蔬，浸入滚汤中"冒"，即余煮，勺把勾在桶边。

须臾，勺内断生起锅，倒入兑有麻辣蒜泥和香油味料的大钵中，撒上葱花芫荽，热气腾腾，麻、辣、鲜、香、烫、脆，三元钱一碗。

红糖锅盔：炉内贴烤，通体焦脆，咬下一口，糖液如同钢厂炼的铁水流溢出来，可把舌头烫出大泡，一元一个。

麻辣冒菜搭红糖锅魁，五元钱就可以使一个穷汉通体舒泰，心绪由阴转晴，擦过嘴皮之后萌生考公务员的念头都说不定。没有这等体验，就不知道成都人民真伟大。

食罢，燕赵之士都对成都人民表达了敬意，连客人中的美女关小月，也放下了电视主播的矜持身段，吃得香汗涔涔，粉脸流霞……

旧时，张大千寓成都和平街，好交游。倾慕者每至其家，临观主人作画。至午，主人管饭。因为不是正式宴请，所以往往快餐从事。家仆分三路：一路到治德号买小笼蒸牛肉；一路到牛市口买叶锅盔；另一路在家现炕、现舂海椒画与花椒面。

飞骑传送白面锅盔与蒸牛肉双至，则将烫手的锅盔沿边剖出大口，蒸牛肉撒上芫荽、蒜泥水和海椒花椒面，拌匀，夹入锅盔中……

辣否？辣！麻否？麻！鲜否？鲜！但都非今日令主，今日之天下，尽在香字手上！

那牛肉是以精选的喜头子拌五香米粉上小笼蒸的，细嫩无比，入口化渣；叶老板的白面锅盔外酥内软，面香扑鼻，且十分筋道。

两相遇合，混以现舂的海椒花椒面酥香异常，芫荽葱花清香在兹，已可说是至味了，每人所费折今日银也不过几元钱！这是旧时代成都底层人民的常食之一。

美食皆得之于无意间，日后却须千锤百炼，方可成就口碑。

据传麻婆豆腐最初发迹，缘于陈麻婆的恶毒：麻婆娘家自幼与陈家定了娃娃亲，不料中途因出天花而成麻脸，陈家有毁婚之意，麻姑衔恨在心。嫁入陈家后隐忍不发，直到她掌柜上灶之后，开始了报复计划：烹制豆腐时猛下作料、油多红重，意在将婆家生意做亏。

结果适得其反。豆腐店坐落在水码头上，苦力都喜欢饭内油大味厚，众口交誉，结伙在此用餐，生意日隆。食客中又多菜油贩子及脚夫，感念麻婆厚道，常将菜油贱卖与她，生意一发而不可收拾。此后她才专注在豆腐烹制上，益以新鲜牛肉臊子、青蒜苗，终成美味。

蜚声中外的成都夫妻肺片，开始也绝非一对夫妇跷起二郎腿开店。那时谋生不易，也就是一位光棍汉子，将宰牛场丢弃或者贱卖的下水、牛脑壳收拾干净，卤熟切片，下辛香料拌和后，上街兜售。

肺片者，废片也。但是刀功极好，牛头皮片成薄张，几至透明，火候拿捏到位，味道更是臻于化境。肺片是白卤，不上色，拌的时候不用酱油，就用白卤水、红油、各类调料。瓦钵装上拌好的肺片，插入两双筷子，置于竹篮内，便挽着上街叫卖了。

一文钱两片，自己拿筷子选食。

筷子从这个人嘴里很快又转移到了那个人嘴里，吃相甚为不雅。但是无人能抵挡美味诱惑，包括上流社会斯文人士。他们穿着长衫逡巡在瓦钵周遭，假意路过，实则确认两头都没熟人看见，万无一失之后迅即下手，肺片包入口中，扔下两个铜钱赶紧走人……所以肺片又挣了个诨名叫"两头望"。

叫夫妻肺片已是后来的事了，或许夫妇俩是那汉子的传人？

汉子没有留下"科学配方"，拌肺片时究竟倒了些什么作料、倒了多少进去，都没有记录，全是他临场的"艺术感觉"，他是用心在拌和——因为这是他的身家性命所系：他是靠这个活着的。

直至有一天他被卷入"公私合营"的浪潮，饮食店建立了党支部，开会的时候他成了"资方人员"，没多久他就死了。其实肺片在这个时候也死了。

孟子说无恒产者无恒心，说的就是肺片的故事。一个人没了自己的私产，就不会对社会负责任，当然也不会对消费者尽力。镇江恒顺醋坊百年老店的门前，挂有楹联"恒产恒心恒发展，顺情顺理顺财源"，可说是深谙为商之道。

成都名小吃不独夫妻肺片，他如担担面、钟水饺、赖汤圆、张凉粉、龙抄手、叶儿粑、蛋烘糕、三大炮、三合泥、馓子油茶、牛肉煎饼、冒节子肥肠粉、油旋子锅盔、缠丝兔、樟茶鸭、椒麻鸡……不是消失了就是变味了。

几年前应马来西亚朋友的请求，带领他们在春熙路龙抄手店享用成都小吃。在贵宾楼上，十几二十样东西一齐端上桌来，不是冷的就是煳的，还有粘成一团的。赖汤圆竟然是用花生奶煮的，羞得我无地自容！

美味小吃的滑铁卢之败，又岂止发生在成都！北京天桥的奎二,虽卖豆汁,迎客却像是迎皇上一般为你黄土垫道净水泼街,豆汁之味能把天涯游子的魂勾引回来。

会仙居早上卖炒肝儿,绝对用的是最嫩的肝尖部分,与小肠、蒜末同烩,再勾大量薄芡。客人要是说"肥着点儿",人家就给你多舀肠;说"瘦着点儿"呢,就多给肝儿。食客手托着碗,嘴凑上去啜食,至最后一滴芡也不会澌。北京人称这样喝下一碗炒肝儿叫唏噜下去。动筷子或勺的一定不是北京人。

芝麻酱面茶他们也是喝。麻酱盖在滚烫的秫米糊上,哪怕冰天雪地喝到最后还是很烫。此外还有打卤豆腐脑、天福酱肘子、白魁烧羊肉、卤煮炸豆腐、油饼灌蛋、烧刀子与驴肉……皆已成过去。

1973 年至 1976 年间,长住在北京。那个时候早上还能喝到可口的炒肝儿或是打卤豆腐脑。以之就油饼,上海人说"乐胃"。但是听老辈人说,那要比他们那会儿喝的差多了。

2004 年再去北京,对出租车司机说"去小肠陈吃卤煮……"——司机尴尬地说,他还真不知道小肠陈……

今之"中华名吃",其实是已经毁了的品牌,属于化石标本。好在改革开放后,陆续有些小贩,渐有创意小吃应市,比如成都之冒菜、冷签签、香辣蟹、炒田螺、毛婆婆凉粉……如欲一快朵颐，此正当其时：要是它们发展下去，"做大做强"了，美味就完了。

小吃要小，一人守住一业，敬之若衣食父母。如能效先辈小贩那样，熬得住寂寞，拼却了身家性命，精益求精，专攻一术，则食客幸甚！社会幸甚！

红楼宴上无佳味

《桓子新论·谴非》载:"鄙夫有得胜酱而美之;及饭,恶与人共食,即小唾其中。共者怒,因涕其酱,遂弃而俱不得食焉。"

胜(音山),生肉酱,大约是以风干肉末腌渍而成。

那鄙夫可能平时极难见到荤腥,偶然得了这么一点肉酱,岂能不生独占之心?所以当众朝肉酱中吐唾,以阻他人问津。众怒,齐向肉酱中擤鼻涕,弄得大家吃不成。

《红楼梦》越数百年而降世,实为中国文化不可多得之瑰宝。喜之者大众,认为它好色而不淫,怨诽而不乱,读来可令人性舒张，荡气回肠；恨之者小众，责备它诲淫诲盗，助推礼崩乐坏；爱恨交加者一小撮而已。

不可思议的是，这一小撮居然把对《红楼梦》的研究哄抬到20世纪中国显学的地位，与"敦煌学""甲骨学"相伯仲。他们中间有眼高手低的作家、有鼓吹新经的学者、有借机发泄的宿儒、有邀宠帝心的刀笔、亦有过气的名流，组成了声势不小的红学家阵营。

然而"红学"实乃天下最无聊的学问：明明稗官说部，却当做自传、社会史、阶级斗争史、宫廷秘史来研究。

鲁迅与胡适都认定，《红楼梦》写的是曹雪芹家事。胡适主导的考证派意在宣扬科学主义，着意贬低《红楼梦》的人文价值。他认为论思想旨趣，《红楼梦》不如《儒林外史》；论文学技巧，不如《海上花列传》《老残游记》。

蔡元培则主索隐观点，认为《红楼梦》实是仇清悼明之政治小说：梦为何在红楼？红者，朱也；朱者，朱明王朝是也。书中女子象征汉文化代表，男子则满人；宝玉喜食女子口红，暗喻满人拾汉文化余唾。

王梦阮、沈瓶庵之辈持论同蔡，认为《红楼梦》其实写的是清顺治帝与董小宛之哀艳逸事；又或谓写的是明珠家事，贾宝玉即明珠之子纳兰容若。

周汝昌考出《红楼梦》真主角实为史湘云，而史湘云原型很可能即李煦之孙女、曹雪芹之妻，化名脂砚斋者。

李希凡却道是《红楼梦》意在写封建社会之阶级斗争。

刘心武独辟蹊径，居然解读出《红楼梦》提纲挈领的人物是秦可卿，废太子胤礽之女；据说红楼梦是未遂宫廷政变之余绪云云……

倒是俞平伯，尚能有所觉悟，说他越来越看出《红楼梦》其实就是一部小说。

一部《红楼梦》，犹如一碗腌酱，引得多少人想独占一回——不能创作这等美文，至少可以独享一番对它的阐释权，即所谓一家之言。第一位发表一家之言者吐唾于腌酱，随后更多一家之言，则擤涕于斯，竟都不理会作者叫苦：

满纸荒唐言，一把辛酸泪。

都云作者痴，谁解其中味。

红学家其实意不在解其中之味，而是向其中添加自己的味。

至若饮馔，王熙凤动不动就在府中设宴，贾母与薛姨妈那边也时有私房菜相馈送，我辈无人得尝，又如何知味？

曹雪芹在《红楼梦》中玩味什么、又暗喻什么，只有他自己才知道。后之看官，但凭读书就能还原作者所思所想，那他不是学者而是刑侦专家。

然而，喜欢"亲临现场"一探究竟者，不独红学家，厨界也有人跃跃欲试。两个巴掌拍在一起，癸亥之秋（1983年）就在北京来今雨轩摆下了红楼盛宴。上座嘉宾乃红学界衮衮诸公：冯其庸、周汝昌、端木蕻良一干人等。

席上佳肴味道可能都不错，但若说那便是贾府当年膳食，就有欺世盗名之嫌了。试想大观园内，都是何等精致的人物？贾氏一门累世为官，乃簪缨士族，钟鸣鼎食之家，曾经遍尝天下珍馐，桌上备陈人间美味，岂是几个厨子一合计，就能为金陵十二钗整出一桌红楼宴来？

那大观园内个个食不厌精，脍不厌细，连丫头芳官吃个快餐，柳嫂都巴结着送上香粳米饭配胭脂鹅脯、鸡皮虾丸汤，更遑论钗、黛、凤、玉一类人物。

没有美食大家，何来良厨？又何来美馔？袁枚《随园食单》有"戒苟且"之训，说的就是食家如何栽培庖人——

凡事不宜苟且，而于饮食尤甚。厨者皆小人下材，一日不加赏罚，则一日必生怠玩。火齐未到而姑且下咽，则明日之菜必更加生；真味已失而含忍不言，则下次之羹必加草率。且又不止，空赏空罚而已也。其佳者，必指示其所以能佳之由；其劣者，必寻求其所以致劣之故。成淡必适其中，不可丝毫加减；久暂必得其当，不可任意登盘。厨者偷安，吃者随便，皆饮食之大弊。审问、慎思、明辨，为学之方也；随时指点，教学相长，作师之道也。于味何独不然？

红楼人物已逝，厨艺亦随之瓦解。来今雨轩自有一技之长，又何必东施效颦，依样画瓢？况且多数菜品连样都没有，唯存名目而已。

1991 年 7 月 16 日，中国饮食文化国际研讨会期间，来今雨轩红楼宴席菜单如下：

◎冷菜

1. 什锦攒盒：金钗护宝玉（腌胭脂鹅脯、糟鸭信、叉烧肉、芥末鸭掌、五香鱼、佛手海蜇、炝瓜皮、萝卜卷、花菇焖）

2. 四小碟：什锦蜜饯果脯

◎热菜

1. 雪底芹芽

2. 茄鲞

3. 鸡髓笋

4. 扒驼掌

5. 老蚌怀珠

6. 三鲜鹿筋

7. 怡红祝寿

8. 乌龙戏球

9. 鸡丝蒿子杆儿

◎点心

1. 蟹肉雪饺儿

2. 小粽子

3. 枣泥山药糕

4. 豆腐皮儿包子

◎汤：

鸡皮虾丸汤

◎主食：

1. 胭脂稻米饭

2. 紫米粥

◎茶

矿泉龙井

◎酒

清官御酒

◎饮料

信远斋酸梅汤

◎水果

1. 西瓜

2. 水蜜桃

……

其中茄鲞，因为书中凤姐详述过制法，勉强可得形似外，余皆想当然耳，哪家饭馆都能照着名目会意而为，只是不要会错了意。

"雪底芹芽"寓曹雪芹之字，乃以蛋清打泡制成白雪，埋芹芽于其中，看来很雅，却大可商榷——据周汝昌考，雪芹字取自苏轼《东坡八首》之三，意为雪底芹芽。

此说甚为可疑。《东坡八首》之三作于元丰三年（1080 年），时值苏轼困厄黄州，得东坡荒地数十亩躬耕，艰辛异常，从此自称"东坡居士"。其间故人自蜀中赠以芹菜种苗，始种下，天大雨，积水漫过一犁之深，芹苗危矣！乃有诗：

……

昨夜南山云，雨到一犁外。

泫然寻故渎，知我理荒荟。

泥芹有宿根，一寸嗟独在。

雪芽何时动，春鸠可行脍。

雪芽一句，坡翁自注云："蜀人贵芹芽脍，杂鸠肉为之。"可知雪芽指的是那一寸雨水冲刷过的芹芽。曹雪芹姓曹名霑，字雪芹，以霑字推之，可知雪芹之雪，非天雪之雪，应为洗雪、昭雪之雪，取"洁"之义甚明。

"老蚌怀珠"是曹雪芹擅制佳味。据敦敏《瓶湖懋斋记胜》，雪芹曾亲自下厨，飨友人于叔度以油煎鳜鱼腹藏明珠。可惜所藏明珠究为何物，敦敏却语焉不详。既曰明珠，想来或是烧熟后呈半透明的荸荠、桂圆、芡实、鸡头米一类清物。

来今雨轩的"老蚌怀珠"是以武昌鱼配鹌鹑蛋笼蒸而成。武昌鱼虽然形似老蚌，但绝非鱼中佳品。它的浪得虚名，缘于毛泽东"才饮长沙水，又食武昌鱼"之句。

毛泽东可能读过《三国志·陆凯传》，但却误下品以为上品。陆凯在力陈吴主孙皓迁都武昌之弊时说："……又武昌土地，实危险而墝埆，非王都安国养民之处，船泊则沉漂，陵居则峻危，且童谣言：'宁饮建业水，不食武昌鱼……'"可知武昌鱼名声不佳。曹雪芹制老蚌怀珠岂能以武昌鱼为之？

老蚌怀珠吃的是曹雪芹手制之菜，雪底芹芽啃的是曹雪芹本人。鸡髓笋却真是大观园中席上菜品。来今雨轩的制法是，取乌鸡腿骨，用竹签挖出骨髓，点缀于玉脂笋尖上。

笋乃至清至洁之物，筒骨之髓则多糟烂污浊，两造相遇，类乎伧夫强奸淑女。台湾已故教授逯耀东认为，鸡髓笋应为冬笋烩鸡红（鸡血）。想来鸡血味鲜，便于成形，无油腻，其色宜与笋配，一脆一爽，相得益彰。逯说是。

走笔至此，不禁怜惜杜甫当年——只是坊间传闻皇上赏识少陵之才，拟有擢拔。那杜甫便急煎煎赶赴京城，守在中央组织部府衙外，经年等候。得知内部消息的人士，也忙着来巴结这位未来之星……

谁知热闹一阵之后，佳音迟迟不至，奉承者亦渐渐疏远。杜子心灰气丧，抑郁成疾，手头拮据，门庭冷落，秋雨绵绵，寂寥难耐，遂成愤青：

"秋，杜子病卧长安旅次，多雨生鱼，青苔及榻。常时车马之客，旧雨来，今雨不来。"（《秋述》诗序）

"今雨"是因为内部消息才来捧场的，你以为你是谁？中央任命既已落空，谁再来谁是孙子——来今雨轩却偏集众多"今雨"，大嚼红楼宴，不知杜子与雪芹，地下当作何想？

名人与名馔

《淮南子·说山训》谓，好武者是将军而非勇士；好文者是雅士而非腐儒；重医方的是病家而非医者；爱马的不是马夫而是骑手；知音者并非乐师而是听音之人；知味者不是厨子，而是食家（喜武非侠也；喜文非儒也；好方非医也；好马非驵也；知音非瞽也；知味非庖也）。

辨味知味，第一为养生，其次乃审美，两者皆有道。

靖康伊始，中原势若垒卵，宗泽力排众议，毅然北上抗金，天下皆壮其孤胆豪情。家乡义乌百姓，纷纷腌制咸肉劳军。高宗尝了那越地婺州送来的劳军咸肉，发现味醇美，色红艳，真上佳妙品，遂名之曰金华火腿，流誉至今。

扬州干丝初名九丝汤，乃以干丝、鸡丝、火腿丝、笋丝、口蘑、银鱼等九鲜入羹，深得乾隆嘉许，地方引以为荣，更名"扬州干丝"。

金华火腿、扬州干丝，都是入了金口，金口又吐出玉言，钦点而成美食。那皇帝以下众多贵胄臣属、名公雅士，又有哪个不是饕餮之徒？名人与名馔就结下了不解之缘。

旧时北京同兴堂有烩三丁，齐白石最爱。每临席，此菜需另开单份，放在白石鼻子面前，供他老人家独享。

同兴堂制此菜十分讲究，选用带皮活动鸡肉，优质黑刺参，火腿取中封腰，烹以黄酒高汤，勾薄芡成菜，食之滑嫩鲜美，味醇厚。

民初，前清进士、翰林院编修谭延闿依附辛亥革命，混成了湖南省长兼督军，进而又长大到民国政府主席。蒋介石得势，谭圆滑老练回避其锋，退居行政院长，并牵线搭桥促成蒋、宋联姻。

时人以其精熟进退之道、善保荣华富贵之身，讥讽他为混世魔王。更以他周旋各派势力游刃有余、八方俱能讨好，又赠以中药甘草和水晶球诨名。1930年延闿去世，有小报撰挽联刺之：

混之为用大矣哉！大吃大喝，大摇大摆，命大福大，大到院长

球的本能滚而已！滚来滚去，滚入滚出，东滚西滚，滚进棺材

延闿字祖庵，湖南茶陵人。功过无须论，唯其一生大吃大喝，留下了几许美馔，后人尊之为"谭家菜"，今成湘菜招牌，例如"祖庵鱼翅"：以鸡肉、猪五花佐鱼翅，加酱油红煨，菜成，色浓汁酽，鲜香味美。

比谭延闿正好大了一个花甲的黔人丁宝桢，咸丰三年进士，历官山东、四川巡抚，终封太子太保，时人尊为丁宫保。黔中嗜辣，但不似川、湘等地般锐辣，而喜香辣，所以治辣往往以酢，或油浸之法，如糍粑海椒，煳辣味型。

丁宝桢喜食酥脆花生米炒煳辣鸡丁，因其风味独特，流传民间，遂被川菜锤炼为经典，名"宫保鸡丁"。

制法：油炸花生至酥脆，去衣。小母鸡胸肉剞十字花刀，切拇指大小方丁。备葱节与姜、蒜片。碗内兑糖、醋、水豆粉、酱油、盐、味精、冷鸡汤成汁子。蛋清豆粉、酱油、盐少许将鸡过浆腌上片刻。

花椒在热油中略炸后捞出丢弃，下两厘米长去籽干海椒节，

炸到金红色时下姜葱蒜跑香，迅即下鸡丁滑散，烹料酒，挂入味汁，待翻泡，下花生米颠炒几下起锅。

此菜糊辣鲜香，略有甜酸，回味悠长。要点是甜酸不能过度，否则将染上川菜荔枝味型。北方制此菜，往往忽视其煳辣要义，而突出甜酸偏锋，甚不可取。

清初才子学者朱彝尊，字竹垞，以翰林入直南书房，参与编撰《明史》。此公嗜鲜，曾以山獐、黄鼠入馔。每有鲜物，必作诗词咏之。吃得多了，难以忘怀，索性撰写了一部《食宪鸿秘》，详述食事，年希尧为之作序。

竹垞生于明崇祯朝，五十岁时被康熙拔擢，为清廷做事。所以蔡元培研究《红楼梦》，便认定曹雪芹以林黛玉暗喻朱彝尊，讥讽满人艳羡汉文化。此说虽不失为一家之言，但人若发现林妹妹像朱竹垞一样抱着黄鼠狼啃，恐亦不雅。

喜食野物的名人，还有曾国藩。某次一只狐狸落入国藩之手，被烹治上桌。席间曾对客坦言："此物媚，能惑主，其肉本不足食，以我之饕餮，污诸君齿颊，再饭当不设此……"

这真是可恶极了！狐狸何罪？吃了人家的肉，还泼人家一身污水！

较之朱、曾二位，袁枚似乎更谙食道。

袁子才一生，在食色二事上尽著风流。所撰《随园食单》，堪称真正的食经。

北魏司徒崔浩，亦曾遵母训撰写《崔氏食经》。崔浩母卢氏，积一生中馈经验，欲传诸后世。清河崔氏、范阳卢氏，皆中原大姓望族，世为钟鸣鼎食之家，所食自然精馔，然而年代去今毕竟太远，食经所载内容多已不存，不如袁枚详述周备，条分缕析，头头是道。

《随园食单》所列美馔，皆可会意、想象，并可仿制，足见袁枚不仅食家，亦为庖中圣手，此最为难得。

不过，子才也有走火入魔的时候：他食蛙竟不准厨子剥皮，说这才不失原味。庖人偶然以剥皮蛙肉进，袁枚大骂："劣伧真不晓事！如何将其锦袄剥去，致减鲜味！"

蛙不去皮源自古代百越，传至中原。唐人在汤内放鲜笋，汤将沸，投入活蛙。蛙急，抱笋求脱，故菜上桌时蛙皆抱竹坐汤钵中，个个怒目而视。

又一法是：自颈处将皮割开但不剥去，蛙入沸汤后，从皮中急蹿而出，终至裸泳而死。此皆为虐食，甚不可取。时有老饕闻此法大不以为然，曰："切不得除此锦袄子，其味绝珍！"（事见《太平广记》）袁枚于此当为效法唐人，所幸不闻他沸汤活煮。

随园主人知味，所以《随园食单》能高屋建瓴，论列许多烹饪大法，诸如：

味浓厚者不可油腻，味清鲜者不可淡薄；

煎炒菜肴用料不得过多，肉不过半斤、鸡鱼不过六两，炖煮之品用料宜多，炖肉熬粥用料过十斤才出香；

一物有一物之味，成菜之前不可鸡、鸭、猪、鹅一汤同滚；

不可以炒糖着色、香料增香，以之粉饰便伤本味；

清者配清，浓者配浓，柔者配柔，刚者配刚，不可杂交……

当然这些大法亦不必——拘泥，有些仍可变通，例如冬瓜配以燕窝，倒是清配清、柔配柔，然而无味。梁章钜于此就颇质疑，表示不信袁枚。

不过信袁枚者亦在在有之。梅兰芳本吴人，在北平时，喜食前门外恩承居的鸭油素炒豌豆苗。此菜碧翠馨香，有山家清供之意。

戏剧家齐如山亦嗜此。每食，必配以同仁堂绿茵陈酒，真是以清配清，清香一路。黄秋岳称此为"翡翠双绝"，更有好事食客恭维"恩承翡翠双绝味，不许人间再品尝"。

抗战胜利，马连良名列汉奸榜上，一时之间不敢轻举妄动，在家闭门思过。除托人说项、希图缓颊而外，更暗中延请西来顺

128

头灶师傅每晚来家中，秘制鸡肉水饺、鹅油方谱、炸假羊尾等等细点待客。

消息不胫而走，引起各路老饕追捧。马家点心遂成栈道，梨园主人暗度陈仓……

将美馔修成栈道，毕竟有些俗。民初时蜀人黄敬临却以美馔自矜，牛得可以。

黄敬临堪称庖中圣手，所制"青筒鱼""叉烧肉""红烧牛头""堂片鸭子""椒麻牛筋""泡菜黄腊丁""开水白菜"等，皆神来之笔，馔中仙品。

1930年代应蒋介石之请，黄在重庆为其治筵席四桌。蒋公大满意，令其次日再备四桌。孰料黄敬临竟然谢绝，理由是治席需于三日前预订，你刚刚享用过，况且厨师亦需休息，恕难办理……

相同的软钉子也让张学良碰过：少帅初至成都，想领略黄大爷技艺，黄丝毫不给面子，要张学良排队预订。幸好军界正有人预订在当天，转让出一桌，张才得大快朵颐。

其时，黄正落魄，自嘲为"锅边镇守使加封煨炖将军"，开店迎客，店名"姑姑筵"，意为过家家，闹着玩的。但是店规却几近苛刻：

第一，凡用餐客人，必须称他为黄先生或黄老太爷。有敢以老板或师傅相称者，恕不接待。

第二，日供四桌，需提前三五日预订。

第三，不能点菜，席面菜品由主人安排。

第四，先交足码银，并提供与宴者名单及其年龄、籍贯、性别、身份。

第五，主宾席上需为主人黄敬临老先生设座，无论他是否临席……

店主如此倨傲，是因为有些来头：黄敬临曾经供职清廷光禄寺为"御厨"，老佛爷慈禧吃得高兴，赏过他四品顶戴。而他并非厨工，却是读书人出身。

民初，黄在川做过几任县长，颇有文才。曾有年轻寡妇请求改嫁，诉至县衙，诉状曰："夫亡妻少，翁壮叔大，瓜田李下，该嫁不该嫁？"黄阅状后，案牍上挥笔即判："嫁！"一个字透出了一生的情怀与才学，大有苏和仲之风。其人有自嘲联：

可怜我六十年读书　还是当厨子

能做得廿二省味道　也要些功夫

同在成都，与黄敬临同时的劝业道道台周善培，却将美馔纳入"文明建设"中，视作为官德政。

周善培字孝怀，浙江诸暨人，1873 年生于成都，有科举功名，亦曾留学日本。清末民初，周力主改革，在川草创巡警道，以现代警察取代保甲制度。推行新政中敢悖官场潜规则，不留情面，时人称其为"周秃子"，即癫子打伞——无发（法）无天。

周有四大"德政"：整顿监管妓业；开办商业场与劝业场以资发展经济；设民政工厂收罗流民；支持川戏事业。川人幽默，称此四大德政叫娼、场、厂、唱。

唯于饮馔，周认为川不如扬，乃欲以维扬菜改造川菜，这就是自不量力了！在他力推之下，吴越风鸡、干丝、肴肉、干烧狮子头、蛤蜊劙（音蚕）肉等菜品纷纷入川。

初以川法烹治，不伦不类，问津者少。1949 年这些失败的改良菜品，经民国政府空军属下的"银翼餐厅"携之入台，却在台岛风生水起，大受欢迎！也真所谓世事难料。

要之，美食是由美食家培育出来的；美食家多出自文化阶层，此乃常理。未闻鄙俗者能知味，这就是曹丕《典论》所说"三世长者知服食"。

美 馔

在北京名噪一时的谭家燕翅，席面上的菜肴都是考究异常，雕琢再三。入席甫定，先上六道精致酒菜，类同工艺作品，自然味道也不错，令人眼睛一亮。只要有人先动了筷子，虽饾饤亦不免进五脏庙。

接着是头菜黄焖鱼翅：那可是来自菲律宾的上等吕宋黄，肉厚，膏腴，翅针像五花肉中的瘦肉一样排在翅肉内，这道菜在厨下从整治到出灶费时三天。夹一块入口，如琼脂，如软玉，但觉鲜美，百味莫辨。此时众人大快朵颐，就像与犬争抢骨头。

接着上两款清汤燕菜，味淡些，但不减鲜，为的是清一下口，因为刚才鱼翅胶质重。

燕菜之后上蚝油紫鲍，个个大如小茶盏。此亦功夫菜，制法如鱼翅，费工费时，用火极需精到，上桌时鲍已似豆腐干一样软糯而韧，口感爽利，在蚝油汁浥润之下，疑为天上西王母之贡奉。

其后的扒大乌参、草菇蒸鸡、清蒸鳜鱼、柴把鸭子，都各葆专美，鸡鲜、鸭鲜、鱼鲜，无一不鲜。

都到这个份儿上了，他们还给你上荷叶饭：香米加香菇、火腿、鸡肉细丁拌和调味后以荷叶包蒸；牛里脊丝、芥蓝蚝油炒面，愿吃焖面的，以刚才的鱼翅汁焖煮……

人对自己的五脏六腑，都爱惜有加，唯独不怜悯舌头。那么多好东西，各有专美，他竟然忙得不知所以，让舌头不得半时喘息，辨这味、辨那味、辨甲乙丙丁戊己庚辛子丑寅卯等等之味！最后舌头麻痹，食主面瘫，结果不知味。

河平二年（公元前27年），汉成帝同一天内将五个老舅王谭、王商、王立、王根、王逢时一起封为侯王，依次为：平阿侯、成都侯、红阳侯、曲阳侯、高平侯，世称五侯。

但这五个侯爷却兄弟阋于墙而不能外御侮，相互间已到了视若仇敌的程度，老死不相往来。美食家娄护哪边都不得罪，应付裕如地传食在五侯间，切磋味道。遇五侯同时馈送奇珍美味，娄护干脆"合以为鲭"——倒进一锅混烧，叫作五侯鲭。

光绪二十二年（1896 年），李鸿章奉旨访美，以他家乡的徽菜宴请美国政要。以李中堂在中国官场历练出来的精致口味而论，美国官员只配喝矿泉水就热狗，布什就曾经这样款待过普京。

在李鸿章大人的宴席上，美国人吃了个不亦乐乎，几个钟头不肯下桌子。中国使馆的厨子莫可奈何：客人不走，主人岂有洗盘子的道理？

所备菜肴均已"走台"完毕，中堂见状乃示意上"五侯鲭"——将所有撤下的剩菜做成杂烩重上。

不意杂烩颇受欢迎，客连称好吃，并询菜名。李鸿章以汉语官话搪塞说"好吃多吃"！那合肥腔的"好吃多吃"听起来竟与英文 Hotchpotch（杂烩）颇为相似，洋人大为满意。

自此，美国流行"李鸿章杂碎"，菜名写作 Chopsuey，不过现在再去美国吃李鸿章杂碎，已经变成牛肉丝炒洋葱了。

杂烩是什么味？杂烩当然也是美味，是什么味还真说不清楚。只是并非调和鼎鼐，而是提前帮你的胃把食物混合了。

晋人何劭食必方丈，眼皮下没罗列一平方丈的碗碟就认为没面子。要是他每个碗里夹一筷子，不是成了"科学配方"的饲料？

清宫里皇帝和太后进膳，那长餐桌上摆的菜肴，也是一眼望不到边。主子眼睛看什么，奴才赶紧把什么倒腾上来敬奉，有时主子都懒得看了，就尽着太监喂什么吃点什么罢了。

久而久之，知道主子桌子远处的东西不看也不吃，所以上次摆过的下次接着再摆，没准儿几次下来东西都馊了。

美馔和神娱肠，人也应该珍重美馔，与之对面独处，相知然后知味。

如果两个人在苏州得月楼用餐，先要个蟹粉鱼丝、酱爆冬笋。鳜鱼或者鲈鱼现杀活拆，共蟹黄急火短炒，鲜嫩无比。小杯女儿红浅酌，细品鱼蟹之鲜美，冬笋之清馨。一盘吃尽不够，再来一盘。

或是另添一份碧螺大玉，品虾仁脆嫩，尝春茶幽香。

如果要的是母油船鸭，配以香菇菜心，那就足够了，无须再添他物。母油是从三伏天直晒至入秋的精酿酱油，以之渍猪肉、冬菜、香葱馅料，填于整鸭腹内，置陶罐中慢煨而成"船鸭"。

母油船鸭味浓艳甘腴，只宜独品，就像上海十六铺德兴馆的草头圈子（蒜茸酱烧大肠头子配煸炒野菜草头）。这些菜，独品，堪称美味，入席，则为腻味。

与美馔相会，最好自己能动手上灶。如果敬谢不敏，也应该懂得烹饪章法。

无锡脆鳝，以活鳝入开水中汆过，拆骨，拉切粗丝，入温油锅炸至酥脆时起锅，换另锅下脆鳝，烹入绍酒、酱油、冰糖、胡椒粉，慢火收汁。成菜后黑红油亮，酥香鲜美，佐酒妙品。

夏日成都，仔姜应市，取脆嫩无筋姜芽，切二粗丝，红柿子椒切丝，韭菜花切五厘米长段，分别以盐少许略腌；猪里脊肉切丝，加适量盐、水豆粉过浆。

锅内油少许将三丝迅速煸炒至断生，立刻起锅。再以混合油烧至七成热，下肉丝滑炒至散，即入三丝大火混炒三五下，放味精挂薄芡起锅。

此菜红黄绿白，集时蔬精粹，田园风光扑面而来，其中领风骚者仔姜鲜辣……

这些美馔，一旦相遇便永世难忘，譬如你的情人。所以丰盛豪宴，就像台大型歌舞演出，台上个个都是美人，可没有一个是你的情人。

乾隆下江南时，驻跸在武进的文渊阁大学士刘文定家中，刘大学士仓皇中以家常的菠菜炒油煎豆腐供上。此菜清淡雅致，形色娱目。乾隆大喜，因名之曰"金镶白玉版，红嘴绿鹦哥"。銮驾回京后，还时时念及。

浓妆艳抹的六宫粉黛都腻了，偶然在水乡得遇个素雅的采菱女孩儿，那就够得乾隆去好好反思他的品位。

　　有些菜确实非家常制作能轻易完成，而需术业有专攻者为之，例如佛跳墙。

　　此菜需用陈年绍酒老坛为器，干发鱿鱼、海参、鱼翅、肥鸡、干贝、虾米等数十种山珍海错，加陈酒、姜桂等香料，入坛内微火焙治，昼夜菜乃成。

　　此菜味奇美，当然更宜独食，桌上无须另菜干扰，画蛇添足。

　　佛跳墙由闽中出，据说最初是在清道光年间，福建布政使周莲家厨郑春发创制。春发已去，继承者未必得法全豹，今人略知大概而已。纵是如此，也堪称美味了，只是不要在高压锅中混煮后端出来冒充。

　　大约在1986年，去合肥拜会朋友。曹度先生在家中待我以徽州火腿炖水发干笋，品尝后觉得风味独特，食材、手法皆简单朴拙，双味并立有至味。曹度旧家出身，府君靖陶先生，皖中名士，工诗好书画，知味。

　　回家后依法炖宣威火腿，取中封以下部分，水发川南烟熏干笋，益以黄酒、老姜、大葱，干贝少许，味亦醇美，朋友称道，可见宣腿品位上乘。食时，只此一品，配红油豆腐干小碟。

为求取火腿品质，敝人不得已而驾车自成都经昭通亲临云南宣威选购，往返耗时四天，这样来回奔波过三次。

　　《清稗类钞》上说盛宣怀亦嗜宣威火腿，几至每餐必备，但是不准下人称"宣腿"，以其触名讳也！不知盛宣怀吃过宣腿炖干笋否？

美 器

语云:"人不衣食,君臣道息。"孔子认为,社会文明最初由饮食活动产生。

此诚至理之言,至少中国文明是这么来的。诗经中写宴会的《宾之初筵》云:

宾之初筵,(嘉宾入席宴会)

左右秩秩。(宾主礼让斯文)

笾豆有楚,(琳琅杯盘罗列)

肴核维旅。(佳肴果品荟萃)

酒既和旨，（醴酒香浓味美）

饮酒孔偕。（觥筹交错热烈）

钟鼓既设，（钟磬鼓笙齐备）

举酬逸逸。（往来敬酒不绝）

……

席间详情当然无从尽知，但是他们却为后世留下了美轮美奂的食器。由此，我辈才得以知道何谓钟鸣鼎食，为何食事庄严。礼，正体作禮。盅，食器，象形。由此可知礼为何物。为什么说"礼义廉耻，园之四维；四维不张，国乃灭亡"。

食器泛指食事所用器具。

其中荦荦大者为鼎，有圆形三足、方形四足两类。夏商周三代，夏时鼎为圆形陶质，商周始有青铜鼎，并因功能不同而分镬鼎、升鼎，等等。

鼎其实是炊具，开始是用来煮食物的，至商周，专用于煮肉或调和五味。再后来成为祭祀礼器、国家权力象征。楚王与晋争锋，欲揽天下之权，派人去问周天子的鼎有多重，后来成语"问鼎中原"即指此。

与鼎同为炊具的鬲（音利），圆肚，三只空袋足，器形极美。为何置三只肥圆空袋足？猜想可能最初设计是用来炖肉的，肉烂之后骨尽落袋足中，喝汤方便；再就是空袋足可增加受热面积，提高热效能。可惜至战国时鬲消亡了。

炊具中尚有甑（音增），是一种蒸饭用的深腹盆，盆底有孔，类同箅子，与口径相同的炊器配套使用。

釜，带双耳的圆底锅，吊在火上做炊具，"釜底抽薪"原意就是中止烹饪。

甗（音演），上甑下釜，烧汤蒸饭同步完成的炊具，极具个性特色。

此外还有鬶（音规）、斝（音甲）之类的炊具，今已不见。

炊具下游自然是盛餐之具，如盆、盘、盂、钵、碗、豆、簋、敦、俎、案、盒……

其中，盘为盛具中最基本的形态。口径小于盘而深者是碗、盂、钵；口径大于盘而深者为盆，使用至今器形无大变化。惜乎其余诸种为时势淘汰，已成遗迹，但其器形极美，令人难以忘怀——

簋（音轨），又叫珪，是一种带足、带盖、有耳的青铜大碗。方形的则叫簠（音甫），或瑚。三代之时用以盛谷米饭食，更多时候用作祭祀礼器，与鼎相配列，是身份地位的标志。

簋以偶数二、四、六、八列；鼎以奇数三、五、七、九列。

天子之食列九鼎，配以八簋。鼎盛九种肉食（牛、羊、豕、鱼、腊、肠胃、肤、鲜鱼、鲜腊），簋盛八种饭食（稻、粱、黍、稷、稻、麷、白黍、黄粱）。

此最高等级礼遇，其余等而下之：七鼎六簋者卿大夫；五鼎四簋者上大夫；三鼎二簋者国士；士进入贵族行列，可用一鼎。

鼎食自此成为身份象征。

汉武帝时政治明星主父偃，出身草民，未发迹时就口出狂言："大丈夫生不五鼎食，死亦当五鼎烹，"后来确实享"五鼎食"了，也确实因罪被投入鼎中活活油炸了！

豆，盘下生高足者称豆，在祭祀中专盛肉食。豆可以陶、以木、以青铜制，亦可以竹制，竹制之豆称笾。后世祭神献食，就叫"笾豆之事"。

俎，板下有足者称俎，用以放置祭祀之物，也作切肉的砧板。张良在鸿门宴上形容汉王处境危急时说"人为刀俎，我为鱼肉"，即喻俎为砧板、汉王是待宰割的鱼肉。但更多的时候，俎是在祭礼上用来陈列整猪整羊之类体大肉食的，所以"俎豆"亦指祭祀。

盒，状若两碗相扣，有陶质、金银、青铜、竹木髹漆各类，产生在战国，流行在两汉。至魏晋，出现大盒内置小格，称多子盒，流行在南方，多用于盛装干果、点心。

敦（音对），器身圆球状，中分为上、下两个半圆，下部三足、上部三把，揭下后可反置如器身。敦用来盛谷物，方形敦叫彝，用来盛酒。

此外则尊、瓿（音部）、觚（音骨）、卣（音有）、爵、鉴等各形食器；罐、瓮、瓶、缶（音否）、蓲罃（音朱英）等各类水器；箸、匕、瓢、魁、匙等各类进食之具，皆以器形、线条、纹饰之美，令人叹为观止。

仅仅是如何使用这些复杂的器具，便形成了一整套严格的典章规范，并且将进食者立刻引入仪礼斯文语境中。

特别是那些厚重的青铜器皿，除了云纹、雷纹、鸟兽纹、饕餮纹等精美纹饰而外，更以器上铭文彰显出华夏上古文化之精粹。

铭文集中了秦以小篆统一文字之前一千多年中汉字的优美形态及其流变，阐释了甲骨与后世文字之间如何衔接，因而这些青铜铭文的书体被称为钟鼎文或金文。

迄今，从已出土的青铜器中收集到的金文文字已达三千七百七十二个，可以辨识的有两千四百二十个。

铭文的内容，则承载了上古三代中发生的祀典、敕命、诏书、征战、围猎、盟约等等社会、政治、文化、经济诸种传世的信息。

西周成康间所铸大盂鼎上，二百九十一字的铭文记载了周康王（公元前1078~前1052年在位）对盂卿的诰命，要他谨记商王沉湎酒色而亡国的教训，认真辅佐王室，励精图治，继承先王德政，为此，赐予盂厚赏……

毛公鼎铭文则是周宣王（公元前827~前782年在位）给予毛公的一篇完整册命，记载了宣王对动荡局势的不安与警醒，命令毛公整治邦家并赋予其贯彻王命的专权，等等。铭文长达四百九十一字，被誉为鼎内"尚书"，周代庙堂文字之典范。全篇字体飞扬灵动，遒劲雄拔，真瑰宝也！

设若对此鼎食，人能想到饭后洗桑拿或是股票行情吗？所以孔子每临这样的盛馔，"必变色而作"——神色庄严地参宴。

食器之美，首在其文，次在其形。凝重典雅外，才说得上秀美华丽。食器风格从三代温柔敦厚，而至汉魏朴茂雄深，再至六朝靡曼精工，再至隋唐绮丽秀朗，至宋元，返归淡泊高古。

宋元瓷作兴，实为一大革命，瓷器从此霸餐具。瓷象土德，含云撷英。光似激电，影若浮星。气似虹霞，质胜雪凝。温润比玉，体洁而清。素月流天，晖可鉴人。可以承觞，可以载茗。置之甘醴，兴怀寄咏；或煮寒泉，壶内乾坤……以之为器。真自然厚赐！西方以China名中国，足见瓷对世界的意义。此犹之乎雅典是世界的盐，中国则人类的 ware（瓦器），吃饭的家伙！所以瓷器在欧洲甫一出现，就被称为 China ware，工室贵胄以家藏中国瓷器为富有。后来略去 ware 直以 China 名中国，至于今日。

美　人

宝历元年（825 年），白居易在苏州做地方领导，未见
"GDP"有大幅增长。然而此公好为民生计，一如在杭州疏浚西湖
留下白堤，在苏州则筑山塘以利交通。

阊门至虎丘一旦葑土为岸，形成水上长街，这位"苏州市
长"便风流自任，为姑苏人民做出了浪漫表率——

自开山寺路，水陆往来频。

银勒牵骄马，花船载丽人。

菱荷生欲遍，桃李种仍新。

好住湖堤上，长留一道春。

——《武丘寺路》

武丘寺即虎丘寺，避讳易虎为武。

阊门至虎丘七里，自山塘工程竣工，两岸遍栽桃李，富室膏梁竞相结庐构楼，"水色窗窗见，花香院院闻"。船行河道，则"绿浪东西南北水，红栏三百九十桥"。

如此景致中，据《中吴纪闻》说，白居易夜游虎丘，花船中曾经载过容、满、蝉、态等十位丽妓，一路笙歌欢宴，浅酌低唱为竟夜之欢……

可惜"市长"只做了一年半就因病卸任了，以至白乐天对姑苏依依难舍，"怅望武丘路，沉吟浒水亭""扬州驿里梦苏州，梦到花桥水阁头"。

白居易走了。他的花船却越千年而缓缓漂流，承载着风雅、温柔、浪漫与水样清秀的吴越女儿，以及甘腴味美的水上船菜，直抵民国时代。

其间，有过张态、李娟、苏小小、王朝云、严蕊、柳如是、陈圆圆、董小宛、赛金花一类名媛丽姝。她们游弋于苏锡杭嘉水乡，泊船在震泽、半塘，俨如中华之奇花异卉：

道是梨花不是，道是杏花不是，白白与红红，别是东风情味，曾记，曾记，人在武陵微醉。(严蕊词寄《如梦令》)　　—

柳如是则有咏：垂杨小苑绣帘东，莺阁残枝蝶趁风。最是西泠寒食路，桃花得气美人中。

试想，与这样的美人乘花船放乎中流，临清波而对食浅酌，是何等快事！在丽人，是"约个梅魂，与伊深怜低语……"在醉人，却念"今夕梅魂共谁语，任他疏影蘸寒流"。

董小宛曾经丽人翘楚，在船上犹如埃及女王克丽奥佩特拉在尼罗河上。罗马军队一旦与之对峙，她的美色立刻叫恺撒头晕目眩；而她的美食与美酒却足以瓦解整个罗马铁甲军团。

小宛脱籍嫁与冒辟疆后，伴辟疆度过九个年头，直至香销玉殒。辟疆说他一生之福尽在这九年！

不同于陈圆圆之浓艳丰腴，小宛清逸如月。平常所食皆淡素，往往一壶芥片茶，小碗茶泡饭，小碟咸菜即可。

小宛所制咸菜黄者如蜡，绿者如翠，烹野菜时蔬则有异香。辟疆喜肥甘，小宛为之做"虎皮肉"(即传至现在的董肉，又称走油肉)，又以芝麻、炒面、饴糖、松子、桃仁、麻油制酥糖(即今之董糖，扬州名点)以飨辟疆。

所制火肉、风鱼、醉蛤、松虾、油鲳、烘兔、酥鸡，或有松柏之味，或如桃花之美，皆妙不可言，一时间士林交口称赞。

由小宛可知船菜所宗，实为美人美食。

民国三十六年（1947年）的《苏州游览指南》云："苏州船菜，向极有名。盖苏州菜馆之菜，无论鸡鸭鲜肉，皆一炉煮之，所谓一锅熟也，故登筵以后，虽名目各异，而味皆相类。唯船菜则不然，各种之菜，皆隔别而煮，故真味不失。司庖者皆属妇女，殆以船娘而兼厨娘者，其手段极为敏捷，往往清晨客已登舟，始闻其上岸买菜，既归则洗割烹治，皆在船舱一隅之地。然至午晷乍移，已各色齐备，可以出而飨客矣。其所制四粉四面之点心，尤精巧绝伦，且每次名色不同，亦多能矣。"

船菜之美，一则以鲜以雅，无富贵气，再则厨娘兼船娘者，实美人也："理楫吴娘年二九，玉立人前花不偶。步摇两朵压香云，跳脱一双垂素手。"

这样的美人为你执役厨下，又"六月荷花荡，轻桡泛兰塘。花娇映红玉，语笑熏风香"。如此的美景良辰，何人能够坚持原则而拒资产阶级颓废情调？

花船即温柔乡，船娘是红拂女，平安书记登舟，岂有不落马的道理？就连无产阶级教育家叶圣陶亦在所难免，真所谓："一字船排密似鳞，好同战舰舣河滨？酒兵报到新降敌，娘子军擒薄幸人……"

平安书记杜牧，曾为淮南节度使牛僧孺部属，掌书记之职。杜在扬州日日沉湎红粉中，牛相阴嘱便衣暗中保护这位风流有才的帅哥属下，每日收取密报，了解杜书记平安否，是以称平安书记。

在画舫脂粉中，杜牧"落魄江南载酒行，楚腰肠断掌中轻，十年一觉扬州梦，赢得青楼薄幸名"，非为自责，实乃自矜。

江左风流承载于水，关内风情则多大漠、边塞、驼队、胡风颜色。中国文化史上，胡姬是永远抹不掉的靓丽。

胡姬，往往为西来酒女，可从塞外溯丝路自中亚、西亚甚或小亚而来。她们在中土当垆卖酒，婀娜多姿，风情万种，汉唐间曾倾倒过多少中华男儿！

汉乐府诗有辛延年之《羽林郎》，细述过胡姬品貌——

昔有霍家奴，姓冯名子都。

依倚将军势，调笑酒家胡。

胡姬年十五，春日独当垆。

长裾连理带，广袖合欢襦。

头上蓝田玉，耳后大秦珠。

两鬟何窈窕，一世良所无。

一鬟五百万，两鬟千万余。

不意金吾子，娉婷过我庐。

银鞍何显耀，翠盖空峙躅。

就我求清酒，丝带提玉壶。

就我求珍肴，金盘脍鲤鱼。

贻我青铜镜，结我红罗裙。

不惜红裙裂，何论轻贱躯。

男儿爱后妇，女子重前夫。

人生有新故，贵贱不相逾。

多谢金吾子，私爱徒区区。

从描写看，这位美丽的胡人少女，很可能来自遥远的波斯湾。"长裾连理带，广袖合欢襦"，颇似希腊式长袍。希腊长袍制法：在两倍身长的长方形布中央挖孔，头自孔中穿出，布前后耷拉下来覆盖全身，腰间以长带束紧，形成连理广袖。

"头上蓝田玉，耳后大秦珠"，大秦，据法国汉学家伯希和考证，地望在埃及、叙利亚，当时两地均属罗马帝国。

胡姬婉拒金吾子（宫廷禁卫军军官，或称羽林军）的礼物与求爱，是因为她已经有了情人，正在热恋中。

诗中嘲谑的冯子都，为汉大将军霍光家奴，貌美，霍光与其有余桃断袖之恩，因而颇有势力；霍光死，霍妻与之相通，时人多訾议。

要说胡姬讨厌冯子都，恐系谬论：须知羽林军乃"为国羽翼，如林之盛"，是皇帝身边的虎贲将士，官阶很高，况且冯子都容貌奇美。

至唐，酒家胡遍长安、洛阳。胡姬善歌舞，更擅陪酒，李白有诗：

琴奏龙门之绿桐，玉壶美酒清若空。

催弦拂柱与君饮，看朱成碧颜始红。

胡姬貌若花，当垆笑春风，

笑春风，舞罗衣，君今不醉将安归！

——《前有樽酒行》

何处可为别，长安青绮门。

胡姬招素手，延客醉金樽……

——《送裴十八图南归嵩山》

五陵年少金市东，银鞍白马度春风。

落花踏尽游何处？笑入胡姬酒肆中。

——《少年行》

比较起来，李白买醉在酒，张祜、元稹之流买醉在人。张祜"为底胡姬酒，长来白鼻骢（音瓜）。摘莲抛水上，郎意在浮花"是坦荡剖白。元稹之于胡姬，却行止暧昧。

唐贞元十五年（799年）前后，元稹游学蒲州，得遇途经此地欲往长安的一对母女。母寡居，女年方十七，美丰姿，令人倾倒。然而时值多事之秋，路途多乱兵盗贼。

当年，汴州有陆长源兵变，唐州有吴少诚来袭，临颍、陈州皆有事，母女苦无援手。元稹因与蒲州守备有旧，得兵卒庇护，母女脱离险境。

因此之故，元稹得与女子尽枕席之欢。

以义开始的这段情爱，最后还是成为始乱终弃的悲剧。事后元稹文过饰非，将女子情至深处写给他的诗文书信，传扬在朋友间，又作传奇《会真记》记其故事本末，称女子名莺莺，崔姓，实天外"尤物"，"不妖其身，必妖于人"，恐为其蛊惑，乃毅然避之……

清河崔氏，乃中原望族大姓，元稹出身寒微，此必为杜撰，即有意自高身价、隐讳女子姓氏。天外尤物云云，应指女子热情性感，不类汉女。

以此推之，女子实为途经蒲州去长安的酒家胡。

此后，《会真记》变而为《莺莺传》，再变为《西厢记》，女子则变身为故相国之千金崔莺莺，元稹为礼部尚书之子张君瑞，普照寺中英雄救美……塔吉克斯坦（猜想）来的酒女，遂被汉化为盛唐传奇中的"卡门"！

美 酒·女 人

不饮酒的民族很可能成为人类公敌:有谁见过豚鼠晚餐时喝了一点红酒,月夜中诗兴大发跑出来罗曼蒂克?

苏子美却是黄卷青灯,彻夜《汉书》下酒,每读到精彩处便饮一大盅。恐怕一部《汉书》读下来,几大缸酒也就亮底了。如此"刻苦"求学,不把他舅舅弄破产才怪!但说到底这投资值啊——浇灌一个天才就得这么贵!

好诗是好酒泡出来的,此古今中外皆然。无论你早岁清词就吐出了班香宋艳,抑或是中年浩气流成了苏海韩潮,都不能无酒,所以侯朝宗在《桃花扇》中甫一亮相，便赶紧交代自己"人邻耀华之宫偏宜赋酒，家近洛阳之县不愿栽花"。

然而美酒是如何扯上了女人的，考证起来就大费周章了。女人招谁惹谁了？男人们喝酒，总要把女人搅和进去，缘何如此？

魏晋时桓温手下有一位主簿善品酒，有酒必令其先尝。此公每遇好酒，眼睛都不眨一下便判定为"青州从事"；遇劣酒则啐道"平原督邮"！

酒为何冠以官称？因为青州下辖齐郡，暗喻好酒饮下后可以绵延至脐；平原境内则有高县，劣酒入口，只能高悬于喉。所以好酒封为"青州从事"，劣酒只能做个"平原督邮"。

好酒至脐，必喜红颜在侧……当然，这只是私下妄说，观点不敢公开。能为此说佐证的事实，倒是可以信手拈来——

据《韩诗外传》，在楚庄王设的酒会上，一将军趁风吹烛灭之际，在劝酒的王后臀上捏了一把，王后却在暗中扯断了将军的冠缨以做记号，并向庄王告发了此事。庄王立刻命令：亮烛之前，所有宴会者都扯断自己的冠缨，以便肇事者能逃脱王后追查。

看来庄王是个明白人，他知道将军是因为好酒至脐了……

南唐韩熙载，风流自任，常常躲在家中招人夜饮。席间轻歌曼舞，笙箫和鸣，酒酣耳热之际，竟有颠鸾倒凤云雨翻覆之事，客中有人赋诗"最是五更留不住，向人枕畔着衣裳"，惹得其领导李后主都暗暗羡慕不已……

《情史类略》中说，宋驸马杨震有个绝色侍姬叫"粉儿"。一日杨震招好友詹天游饮酒，詹在席间见了粉儿，一股酒劲上冲，口占一词：

淡淡青山两点春，娇羞一点口儿樱，

一梭儿玉，一窝儿云。

白藕香中见西子，玉梅花下遇昭君，

不曾真个也销魂。

杨震酒劲也上来了，当即把粉儿送给了詹天游，说是"令天游真个销魂也"！你不是说即便并不真拥有也够销魂吗？那就真让你销魂！

男人醉眼看美人，直疑是天上人间。若是美人亦醉，若是这美人还醉得优雅，醉得妩媚，醉得情深意切，恰同杨玉环或柳如是！明人程松圆有《朝云诗》述柳如是醉酒：

林风却立小楼边，

红烛邀迎暮雨前。

潦倒玉山人似月，

低迷金缕黛如烟，

欢心酒面元相合，

笑靥歌颦各自怜。

数日共寻花底约，

晓霞初旭看新莲。

柳子醉中"潦倒玉山人似月"，道尽了媚态；"笑靥歌颦各自怜"，歌声依旧柔曼轻朗。

此时的程松圆，哪里还能记得君子饮酒受三爵而退？他本就是"红烛邀迎暮雨前"，三杯下去再看柳子，已然是"低迷金缕黛如烟"：柳如是在他眼中已俨然杜秋娘——他在鼓励自己该下手了，正所谓"花开堪折直须折，莫待无花空折枝"（句中"金缕"暗示曲辞《金缕衣》）。

程松圆工书画，有时誉，但当时人已达老。柳子年不及二十，书画博采众家，慕程才名与之交游。松圆邀柳至别墅檀园，"数日共寻花底约"，却是早有预谋。难为柳子周旋，宿醉之后却"晓霞初旭看新莲"，想来有曾入污泥而心不染之意……

看来好酒确实易伴美色。酒色同道，却害苦了女人。试想如若没有那王婆撺掇，酒中设伏，潘金莲岂能上了西门庆的贼船？又试想，如若那殷纣王不成天泡在酒池肉林里，苏妲己哪会落下个祸国妖精的罪名？

当然我并不想鼓动妇女开控诉大会，其实女人要是沾了酒，同样很有些麻烦。

罗马酒神节自然狂欢得不成样子，那时全国都成了泡在酒缸中的婚床。可是一遇善良女神的庆典，罗马的男人们就倒霉了：他们必须把地方给女人们腾出来，因为那一天是女人独霸的天下。

她们关起门来不停地猛饮红葡萄酒，大嚼牡蛎，到黄昏时分，天知道她们的血管里已有多少酒精在流淌：只见她们又唱又跳，又哭又笑，咆哮着："让男人们进来！"这时候哪个男人还敢进去？

所以罗马帝国衰亡了（另有一说是，罗马人长期用锡杯喝酒，因慢性铅中毒导致生育力下降），于是，奥古斯丁为整个西方世界准备了长达一千年的清教绝欲社会。

美酒倒是没有了，美色也被裹上了厚厚的黑面罩，可是，那却是人类最黑暗、最痛苦的历史时期。直到这招诅咒的中世纪结束，欧洲人才慢慢大起胆子，小口小口地、优雅文明地啜着红酒，很淑女，很 Gentleman（绅士）……

文明，就是对欲望的限制——这个自然；可是任何形态的文明都不同意取消欲望。只有豚鼠社会才没有酒，没有诗，没有烛光下的眉目传情。如果不得不成为奴隶，那么我希望暴君至少随时都处在醉醺醺的状态中……

美 酒 · 男 人

《礼记·玉藻》曰："君子之饮酒也，受一爵而色洒如也，二爵而言言斯，礼已三爵而油油以退……"

这是性灵高贵的人饮酒时显现出的教养与风度。以温良谦恭之态饮下第一杯酒；至二杯时宾主相叙，缓缓道来；三杯过后，即不动声色、不碍他人雅兴悄然而退……此绝非今日"一口到中央，二口到地方""感情深，一口闷"所可比拟。

这也是在人际关系中建构的一种"礼"。礼能使他人与自己同时都获得尊重。

现代心理学提出的"沙姆气泡"（或称人际气泡）亦同于礼，认为人与人之间，视其关系不同而在心理上会鼓出一个大小不等的"气泡"，以之自我防护。

一旦"气泡"被他人突破，就会产生受冒犯的感觉。例如在陌生人群中气泡直径是三至七米，在社交或工作环境中气泡直径为一至两米，在朋友和熟人间为四十至八十厘米，只有最亲密者可以突破十五厘米……

沙姆气泡所言乃空间距离的量化指标。礼之所言，则是人对社会角色、地位、文化、门阀、价值等等的确认，是对行为举止的约束。

苏联空军元帅戈洛瓦诺夫参加反法西斯同盟国领袖"高级酒会"时，曾经不安地看着他的元首斯大林，"因为丘吉尔这个有名的酒鬼正和斯大林斗酒"。当丘吉尔被人从桌下拉出来时，斯大林也喝了不少。他走向戈洛瓦诺夫说："你这么看着我做什么？不要怕，我不会把俄罗斯都喝掉的，而他明天就会围着我转，像热锅上的鲫鱼。"（据俄罗斯《共青团真理报·伏特加——苏联的外交武器》）

这个时候的 U. K 首相与苏联元首都失去了尊严。

伏特加让此后的苏联领袖相继留下了粗俗恶名：1978 年在布

拉格新地铁开通仪式上，勃列日涅夫和捷克斯洛伐克总书记胡萨克两人喝得酩酊大醉。苏联方面的卫队长弗拉基米尔·梅德韦杰夫回忆时说："想象一下两个共产主义国家的领导人又是亲吻又是拥抱的场面吧。胡萨克烂醉如泥，而勃列日涅夫已经破了相，眉毛和鼻梁部位都摔破了……"结果侍卫只能从两旁搀扶着胡萨克，以免他摔倒。

酒成就过许多人，也毁掉过许多人。

杜甫说："李白斗酒诗百篇，长安市上酒家眠。天子呼来不上船，自称臣是酒中仙。"（《饮中八仙歌》）又说，"白也诗无敌，飘然思不群。清新庾开府，俊逸鲍参军。渭北春天树，江东日暮云。何时一樽酒，重与细论文。"（《春日忆李白》）

杜甫相信，李白这位诗坛巨无霸的引擎，是靠美酒发动的。

而李白自己并不认为他有一架强大的诗才引擎。他没有祖国，没有家乡，他只是生活在酒后的朦胧世界中而已，写诗不过是朦胧中不负责任的行为：兰陵美酒郁金香，玉碗盛来琥珀光。但使主人能醉客，不知何处是他乡。（《客中行》）

是李白为美酒而生，还是美酒为李白而生，已然说不清楚。不过，饮酒而至李白的境界，恐后来无人能及。

魏晋名士多嗜酒，但多狂狷佻达，或脱衣退裤露其丑态，或男女同席，履舃交错，"相与为散发倮身之饮，对弄婢妾"。（《晋书·五行志》）竟然到了男女裸饮，交换配偶的地步！

刘伶嗜酒成瘾已呈病态，老婆哭劝其戒酒，刘伶同意发誓戒断，老婆乃备酒肉设祭案，刘伶对神跪拜，誓曰："天生刘伶，以酒为名。一饮一斛，五斗解酲。妇人之言，慎不可听。"

诸阮亦嗜酒，常常以大瓮盛酒，不用杯，围坐瓮边直接牛饮。家中养的猪有时也来同饮，他们竟不以为意。

诸阮中的阮籍尤甚，史载，"阮籍嗜酒荒放，露头散发，裸袒箕踞。其后贵游子弟阮瞻、谢鲲、胡母辅之之徒，皆祖述于籍，谓得大道之本。故去巾帻，脱衣服，露丑恶，同禽兽，甚者名之为通，次者名之为达也。"

这已经不是酒趣，而是恶行了。

酒之趣，是在渐显人性美好端倪，比如天真、坦诚、善良、慷慨……曹孟德在戏剧舞台上被定义为白脸奸雄，在历史文化中被赋予的性格是阴鸷诡诈。然而在酒后，人们却发现这位枭雄具有无比博大的胸襟，以及他对社会强烈的人文关怀：

对酒当歌，人生几何？

譬如朝露，去日苦多。

慨当以慷，幽思难忘。

何以解忧，唯有杜康。

青青子衿，悠悠我心。

但为君故，沉吟至今。

呦呦鹿鸣，食野之苹。

我有嘉宾，鼓瑟吹笙。

明明如月，何时可掇？

忧从中来，不可断绝。

越陌度阡，枉用相存。

契阔谈讌，心念旧恩。

月明星稀，乌鹊南飞，

绕树三匝，何枝可依？

山不厌高，海不厌深，

周公吐哺，天下归心。

——曹操《短歌行》

酒趣也在令人复归本性。自然，本性并不都美好。

盛心壶风流偶傥，工诗善书，可惜未能考取功名，落魄在布衣中。丽妓心慕其才，以扇面《秋柳图》求题。盛慨然书"腰瘦那堪迎送苦，眼枯都为别离多"相赠。

妓引为知音，欲以身相许，于是设私宴邀盛一醉。席间，妓尽出所藏名贵美器，以示待客隆重。宾主饮至半酣，曲唱歌诗，几至催人泪下；情渐浓深，有相见恨晚之感。

醉眼迷离中，盛心壶觑妓倦怠，竟将一只金酒盏藏到自己怀中。妓假装不知，但却忍不住泫然落泪——她的心流血了……

酒为天之美禄，本来是用以敬神的。人一旦饮下，行为不能自已，往往就有天意显现：

有人因酒而成游侠，"骢马金络头，锦带佩吴钩。失意杯酒间，白刃起相仇。追兵一旦至，负剑远行游，去乡三十载，复得还旧丘……"（鲍照《代结客少年场行》）

有人因酒慷慨悲歌，"烟笼寒水月笼沙，夜泊秦淮近酒家。商女不知亡国恨，隔江犹唱后庭花。"（杜牧《泊秦淮》）

有人酒佐离愁别恨，"渭城朝雨浥轻尘，客舍青青柳色新。劝君更尽一杯酒，西出阳关无故人。"（王维《送元二使安西》）

亦有人以酒支撑颓废人生，"得即高歌失即休，多愁多恨亦悠悠。今朝有酒今朝醉，明日愁来明日忧。"（罗隐《自谴》）

明人屠本畯探酒，谓有八趣。要之，略谓：

墨翰临池，西窗读书，结撰文章，顾盼自雄之时，一杯在手，是为独酌。

天寒欲雪时，与美人灯下对食，慢饮至微醺，是为浅酌。

三五酒友集于林泉，旨酒名葩，花前月下，其乐陶陶，是为雅酌。

酒逢知己，披肝沥胆，豪侠情怀，相见恨晚，买断酒家，不醉无归，是为豪饮。

为情所困，歌哭以酒，倾坛入肚，必求泥醉，是为狂饮。

得意非凡，或是块垒塞胸，巨杯轰饮，求醉忘我，是为痛饮。

喜庆良辰，高朋满座，逸兴遄飞，相约以醉，是为畅饮。

使酒斗性，百杯不醉，一饮一石，肚若酒池，此是驴饮……

全世界都在喝酒。这是人类的悲哀：人背负着生命的重轭，愁苦永远多于欢乐。不喝酒的时候，人的脸谱都透着几分假，因为社会角色需要他如此。所以南宋张元年诗云："雨后飞花知底数，醉来赢得自由身。"

1968 年，台湾地区青年学子逯耀东，负笈东瀛，去日本求教中国魏晋史！逯耀东祖籍江苏，身寄台湾，会当乱世，恰逢大陆正值"文化大革命"，要与历史"决裂"。魏晋动乱，正同现实。

一个中国青年，不得不去日本学习自己祖国的历史，情何以堪！看到陶渊明、白居易之流尚被日本人供奉在"诗仙堂"内，这位台湾青年饮尽了瓶中之酒，悲从中来，于是写下了这样的诗——

来此非为千年之会

只想问

　江州司马的青衫

　今遗何处

累我千里来奔

满眼天涯泪，竟无处可弹

你们当有泪

亦当有泪似我

一如我似池萍漂泊……

有一天黄昏，指导教授平冈武夫请他的学生逯耀东喝酒，相约在十二段家酒店。店名其实是出戏的名字，戏分十二段，可从黎明演到上灯时分。

去十二段家的路上，一地枯黄的银杏叶子，京都残雪未消。酒店楼角的矮几上，见瓶供棠棣花一大束，布满了细密的白色蓓蕾。棠棣屡见于中国旧籍，而今已不易看到。就在逯耀东端详棠棣时，平冈武夫教授站在他背后说，这是棠棣花……

登楼踞坐在榻榻米上，老板娘在几上备好一只描蓝花带盖瓷盆，内置佐酒菜肴。平冈先生揭开盖子，但见四色简单的菜肴分置在盆的四角，其中一角放着四条寸来长的烤黄的鲫鱼，衬托在绿色生菜叶上；另一角有四块长方形的凝冻青豆，像水晶图章一般枕在细长的盐渍紫色嫩芽姜上……

酒却有两大樽，像牛奶似的月桂冠甜酒。那酒斟在粗壮的玻璃方杯中，杯沿淡绿，杯中乳白，酒味甜而易上口。

平冈先生呵呵地笑着，学生却仿佛忆起"名士不须奇才，但得无事常痛饮，读《离骚》"，一对修魏晋史的师徒，就在靖节先生关怀之下痛饮至恍兮惚兮……

愿如平冈先生般雅量！愿如耀东先生般沉醉！

美　景

　　乾隆间，苏州士子沈复，居于沧浪亭爱莲居西间壁读书；新妇陈芸终日陪伴，红袖添香……那是他一生中最为美好的时光。

　　沈复，字三白，儒雅聪慧有君子风。一生命途多舛，迭遭变故。曾经浮海东瀛，亦曾流落街头；父子失欢，妇姑勃豀，兄弟阋墙，中年丧妻……历尽大悲大喜，大起大落，终不改清介人品，雅致情怀。

　　在其所著《浮生六记》中，为世界塑造出一个美丽贤惠、冰清玉洁的中国妻子形象，令人扼腕叹息。三白在《闺房记乐》中描述了他与芸娘读书时临流小酌的情景：

板桥内一轩临流，名曰我取，取"清斯濯缨，浊斯濯足"意也；檐前老树一株，浓荫覆窗，人面俱绿，隔岸游人往来不绝，此吾父稼夫公垂帘宴客处也。禀命吾母，携芸消夏于此，因暑罢绣，终日伴余课书论古，品月评花而已。芸不善饮，强之可三杯，教以射覆为令，自以为人间之乐，无过于此矣。

风生竹院，月上蕉窗，临流小酌，快何如也！此时杯中已非淡酒，而是天地菁华，仙供美禄。人或融于自然，物我两忘，渐至佳境。浓荫覆窗，人面俱绿，只一个绿字，已见灵气周回，三白与芸娘哪得不醉？

李白亦曾"琴奏龙门之绿桐，玉壶美酒清若空，催弦拂柱与君饮，看朱成碧颜始红。"可见眼底无绿，不成佳境；李白之醉，在绿而非红。

绿即自然，绿即天命。人有人命，天有天命。人命与天命共，即是佳境。

晋永和九年（353 年）三月初三，王羲之与谢安、孙绰、郗昙、孙统一班名士共四十一人，相约在会稽山阴之兰亭，以"修禊"祭礼为由，置酒高会。

兰亭竹石清流，迂回曲折；风荷映日，苔痕上阶，至清至雅之地。与宴者散列在清溪旁，各选座位，座侧备小几，置文具、简馔。杯酒放在水中荷叶之上，任其漂流，客随意取饮，此谓"流觞曲水"。饮者必须赋诗一首，不成句则罚三大觞。

此次酒会共得诗三十七首，拟结集付梓，王羲之当场为诗集挥毫作序：

永和九年，岁在癸丑。暮春之初，会于会稽山阴之兰亭，修禊事也。群贤毕至，少长咸集。此地有崇山峻岭，茂林修竹，又有清流激湍，映带左右，引以为流觞曲水，列坐其次。虽无丝竹管弦之盛，一觞一咏，亦足以畅叙幽情。

是日也，天朗气清，惠风和畅。仰观宇宙之大，俯察品类之盛，所以游目骋怀，足以极视听之娱，信可乐也。

夫人之相与，俯仰一世。或取诸怀抱，晤言一室之内，或因寄所托，放浪形骸之外。虽取舍万殊，静躁不同，当其欣于所遇，暂得于己，快然自足，不知老之将至。及其所之既倦，情随事迁，感慨系之矣。向之所欣，俯仰之间，已为陈迹，犹不能不以之兴怀。况修短随化，终期于尽。古人云："生死亦大矣。"岂不痛哉！

每览昔人兴感之由，若合一契，未尝不临文嗟悼，不能喻之于怀。固知一死生为虚诞，齐彭殇为妄作，后之视今，亦犹今之视昔，悲夫！故列叙时人，录其所述，虽世殊事异，所以兴怀，其致一也。后之览者，亦将有感于斯文。

此次欢宴，王羲之本来兴致很高，快活极了，然而却在作序之际，突然抑郁生悲，感天地宇宙之大而生敬畏，叹生命短浅而欷歔不已，以至于有皈依情怀。

正是在这人命与天命相会的一瞬间，产生了留诸后世的书法神品《兰亭集序》，事后王羲之自己多次重书，却再也达不到原创水平了。此美景美酒邀得神至欤？

唐人尤浪漫。虢国夫人赴皇帝之约因何素面朝天？爱自然也。不事雕琢，意在尽展自然之美。唐人画虢国夫人游春图传世，其意在写春，应吉时而游心于佳境。

此不独天子阿姨如此，整个社会皆醉心于自然之美。为了陶冶官员情操，鼓励士人乐山乐水，政府不惜靡费，甚至于开元十八年（730年）出台了这样的政令："令百官于春月旬休，选胜行乐。自宰相至员外郎，凡十二筵，各赐钱五千缗……"（据《通鉴》）

朝廷放长假春游，并且还发钱吃喝，谁出来反腐谁是疯子。于是各寻佳处，或山野林泉，或莲池荷亭，结侣欢宴，吟诗抚琴，自己找快活去。

那时长安城外有曲江池，碧波荡漾，方圆数十里，水中画舫彩船，岸上遍植柳林，亭台楼阁星罗棋布，为皇家游宴之所，颇类清代颐和园。有时皇帝高兴了，特许臣属、士人携女眷、婢妾，或是歌伎入园同乐，贵妃官人亦簇拥皇上周围，如同选美盛会。

有一位刚刚高中，进士及第的士子描写了曲江宴会：

及第新春选胜游，杏园初宴曲江头。

紫毫粉壁题仙籍，柳色箫声拂御楼。

霁景露光明远岸，晚空山翠坠芳洲。

归时不省花间醉，绮陌香车似水流。

——刘沧《及第后宴曲江》

至宋，汴京游宴之风更甚于唐，以至于"四野如市，往往就芳树之下，或园囿之间，罗列杯盘，互相劝酬，都城之歌儿舞女，遍满园亭，抵暮而归"。（见《东京梦华录》）

南渡之后，临安山清水秀，更兼西湖之胜，风气愈炽。"宴于郊者，则就名园芳圃，奇花异木之处；宴于湖者，则彩舟画舫，款款撑驾，随处行乐……都人不论贫富，倾城而出，笙歌鼎沸，鼓吹喧天，虽东京金明池未必如此之佳。殢酒贪杯，不觉日晚，红霞映水，月挂柳梢，歌韵清圆，乐声嘹亮，此时尚犹未绝。男跨雕鞍，女乘花轿，次第入城。"（见《梦粱录》）

真是暖风熏得游人醉，直把杭州作汴州了。曾有醉倒西湖之人，填词《风入松》曰：

一春长费买花钱

日日醉湖边

玉骢惯识西湖路

骄嘶过

沽酒垆前

红杏香中箫鼓

绿杨影里秋千

暖风十里丽人天

花压鬓云偏

画船载取春归去

余情寄

湖水湖烟

明日重扶残醉

采寻陌上花钿

这是个被美酒美人美景醉倒的太学生，青年士人。

游宴追求美景。有时美景亦可为心境。"莫放春秋佳日过，最难风雨故人来。"美景固然多在春秋佳日中，如若风寒雨雪之夜故人来访，握手相迎，炉边置酒，温情忆旧，共话沧桑，未必不是佳境。

佳境中寻宴乐之事，中国文化才有的审美体验。餍足肥甘后，钻入耗子洞般昏暗的 KTV 包间，打着酒嗝，倚红拥翠，卡拉 OK 的吼叫声嘶力竭，再来两瓶红酒继续催吐，真不知伊于胡底？

食　礼

中国食礼，类同西方人餐前感恩，皆有食事庄严的意味。

其实这是摆正人在自然秩序中的位置：不忘自己从何而来，因何生存。这就是中国人自觉的养生之道。纵使享受美食之乐，也须彬彬有礼，先净化心灵，再进入审美体验。

孟光向梁鸿奉食的时候，举案齐眉，将食盘高举到自己眉毛的水平线上敬献对方，并非表示妇女卑下，而是表达人对自然的感恩、人对食事的严肃，以及食之用礼。

楚人送了一只甲鱼给郑灵公，公子宋在晋见灵公的路上对子家说，我们可能要有口福了：刚才我的食指自己动了一下，以往发生这种情况，都必定有好东西吃。到了灵公那里，果然见宰夫在整治甲鱼，两人会心一笑。灵公问他们笑什么，子家说了公子宋路上的预感。

甲鱼炖好了，灵公让大夫们都来品尝，却偏不给在场的公子宋吃！公子宋怒而以手指蘸鼎中，品味后愤然退席。为这事灵公对公子宋起了杀心，公子宋却与子家抢在事发前做出了弑君之举，灵公死于非命——

楚人献鼋于郑灵公，公子宋与子家将见。子公之食指动，以示子家，曰：他日我如此，必尝异味。及入，宰夫将解鼋，相视而笑。公问之，子家以告。及食大夫鼋，召子公而弗与也。子公怒，染指于鼎，尝之而出。公怒，欲杀子公，子公与子家谋先……弑灵公。（《左传·宣公四年》）

子公之怒，不在那只甲鱼，而在礼。

郑灵公也真是！堂堂一国之君，竟死于吃饭时无礼！平心而论，此确实是郑灵公有过在先，这事发生在公元前605年。

然而史上也曾有过受到"无礼"指责并付出惨痛代价的国君，那就是数百年后亡国的中山王，事见《战国策·中山策》——

中山君飨都士大夫，司马子期在焉。羊羹不遍，司马子期怒而走于楚，说楚王伐中山，中山君亡。

这个司马子期生气得没有道理，中山王宴请地方名流，本就是尚礼。羊肉汤分得不均匀，可能到了司马面前竟没有了，那是厨仆失误，并非王过。就为这个里通外国，游说楚王来把中山国灭了，是不是有点太那个了？

《礼记》云"人有礼则安，无礼则危，故曰礼者不可不学也。"这话听起来就像专为郑灵公和中山王说的。

礼者，理也。人与老鼠的区别，只在有无理性与文明。无礼，人就不该来到世界。《诗·鄘风·相鼠》表达了一种令现代人赧颜的文明观：

相鼠有体（看那老鼠有模有样）

人而无礼（一个人却不知有礼）

人而无礼（如果这人竟然无礼）

胡不遄死（为何还不赶快去死）

《诗经》一向被认为是劳动人民创作的诗歌集，其实它就是周天子为了解社会舆情，命令言官私下搜集的民谚民谣，是当时上报中央，名副其实的"内参"。虽经言官编辑、筛选，但可信度仍然较高。

由《相鼠》可知，礼教文化已深入民间，浸润至社会观念之中，可以看作是整个民族追求文明的共识。食为天下第一大事，所以说"夫礼之初，始诸饮食"。

食事之礼，繁复而沉重，周代已将之纳入国家制度。在"三礼"（《礼记》《周礼》《仪礼》）中翔实备述过的这套食礼，代相传承，虽迭经修正、因时变通，但大体仪规还是得以延续后世，其间改朝换代，只要不是革命性鼎新，都还是遵从食礼的。

刘邦初得天下时，那些帮着打江山的功勋哥们儿，曾经在宴会上使酒骂座、斗狠动粗，"群臣饮酒争功，醉或妄呼，拔剑击柱……"俨然老子天下第一，什么祖宗家法都可颠覆。

但刘邦毕竟不是以反传统和反文化起家的，博士叔孙通因此得以拨乱反正，为刘邦重新修订了礼法，叫他高踞坐北，百官按尊卑次第入席，御史在侧纠劾不懂规矩者，从此"竟朝置酒，无敢喧哗失礼者"……

礼从饮宴开始，莫此为最，士人皆自幼学习之。

汉武时，田仁与任安俱为卫将军舍人，随将军至平阳公主府中。吃饭的时候公主家臣安排二人与马夫同席，"此二予拔刀列断席别坐。主家皆怪而恶之，莫敢呵"。二人竟然拔刀将席纵向断开，以示自己不是骑奴，自己为自己列了专座，公主家臣怒不敢言，因为自己无礼在先。事在《史记·田叔列传》。

在后来的两千多年里，历朝历代基本上依据着那套"汉礼"仪规，差不多内化成了中国人食事活动的行为准则。举凡公宴、私宴、佳期聚会、菽水承欢，皆见古礼。摘出那些繁文缛节而外，礼数的主要内容约略有——

◎主人需预先向与宴者发出请柬相邀。

◎届时先至宴所门外迎客。

◎客至，问候为礼，延客至室内小憩。

◎客到齐后引客入席，左为上，首席；右为次席；首席之左为三席，次席之右为四席，其余递推，按尊卑次序入席；主人与首座相对。

◎将入席，主人斟酒至八分满，一一敬唱客人尊称并导之入座。

◎主人举杯邀饮，客起举杯致谢。

◎上菜时冷荤在先，次上热荤，高潮时上宴会头菜；全鸡、全鱼、烤猪、烤羊之类硬菜，头尾不得朝向主席。

◎每上一菜，主人报告菜名，需劝客进，并敬酒如仪。

◎为客人则要坐得比尊长者靠后一些，以示谦卑；进食时要

向桌子靠近一些，以防食物掉落污座。（虚坐尽后，食坐尽前）

◎遇有尊贵客人中途至席，要起立相迎；主人劝菜，不得无动于衷。（上客起，让食不唾）

◎若自己地位低于主人，须双手端食物致谢，待主人致辞毕才可落座。（客若降等，执食兴辞。主人兴辞于客，然后客坐）

◎菜肴上桌，虽然就在自己面前，但若主人尚未开口劝客，客不能先动筷子。

◎宴饮即将终席时，主人不能先停箸罢饮，要等客人吃好后自己才能停下；客人也不能尚在主人食毕之前，以茶水漱口。

◎宴毕，客人需整理自己用过的餐具，将其复归餐前摆放的位置，并对食余残渣稍做清理。

◎无论主客，或是家食，只要有别人在，都不能吃得过饱。（共食不饱）

◎不能用手直接抓取食物入口。（共饭不择手）

◎不能将饭抟成大团，狼吞虎咽。（毋抟饭）

◎咀嚼时不能让舌头在嘴里发出声音。（毋咤食）

◎不要在宴会上专注于啃骨头，满嘴流油吃相不雅。（毋啮骨）

◎自己吃过的鱼肉不能再放回去，污他人之口。（毋反鱼肉）

◎不能专喜独食，自己喜欢什么就把着不放。（毋固获）

◎不能为了吃得快，就以餐具扬起食物散热，如将面条挑到半空中吹凉。（毋扬饭）

◎在别人家进食，不能自己动手去调味，好像比主人更善烹调。（毋絮羹）

◎与人进食时，不能当众剔牙。（毋刺齿）

◎陪长者进食，要尽量快嚼快咽，以防需要回答长者问话时，嘴里喷饭。

◎陪长者饮，酌时要起立；长者未饮尽，少者不得干杯。

◎在尊者家受食水果，果核不能随意丢弃，需不动声色放入自己衣袋中，"怀归而弃"。

◎吃饭之时不能唉声叹气。（当食不叹）

◎幼儿食教：进食时腰背挺直，前胸不能倚于桌沿；从容握筷，向盘中轻取菜肴，不得以筷戳向盘中，任意翻寻搅拌；不得令嘴咂吧有声；不得专食求多；不得粗鲁碰磕碗碟；不得将食物抛洒至餐具外；不得在进餐时高声说话或言及餐外话题……

当今社会，每年官场吃喝，动辄以千亿计，皆从公帑出，而不见官员们吃出个有品位的文化中国。市井则无论丧葬嫁娶、逢年过节、生日忌日、搬家产子，都结伙聚餐，麻将搓烂。

士农工商，有事走门子，无事修人脉，请托介绍，巴结迎奉，饭前人头马，饭后桑拿浴，为的是合同、职称、批文、标书……

此种流弊，一直就是中国社会的大问题。虽说管仲"上侈而下靡"的消费主张不无道理，但是举国上下，终日海吃海喝，酒桌上尽见李逵，总归乱相，清流社会忧之。

乾隆朝翰林编修尤侗，仿司马光求真求质之意，作《真率会约》，力倡宴会简约、文雅、遵礼。尤侗主张略谓：

◎宴会不可频繁，一旬一举就可以了。

◎与宴之人，应为高雅斯文者，不要滥竽充数；不邀所谓社会名流、五老七贤，此类多赝品夯货，八方吃请都有他们。

◎陪客中不得有权门贵人，"嫌热也"；不得有酒女小蜜，"嫌狎也"。

◎宴会之所，"暑宜长林，寒宜密室，春秋之际，花月为佳"。

◎饮馔不宜过盛，四簋足矣，"素一腥三，酒五行，中饭加羹汤一"。

◎席间可以谈诗、谈经、谈禅、谈山水，都可，但不许说三事：一不说当官事，二不说敛财事，三不说男女事。

◎席间不赌博。

◎食礼简约，去繁文缛节，主客有迎送，但"后至不迎，先归不送，虽迎送，不远"。

尤侗，字展成，号悔庵，苏州人氏，顺治帝曾评价他为"真才子"。他的《真率会约》也太真率了，当时就没什么人理落，人家照样吃喝。但如若将他的主张贯穿到食礼中，恐怕还是有益食事斯文的。可惜清流的声音毕竟太小，奈何?

岁 时 食 俗

岁时，本来是古人观测天象以自冷于宇宙的算计，即历法。传说上古羲和"历象日月星辰，敬授人时"（《尚书·尧典》），夏后氏于是以建寅为正朔，即以今之农历一月为正月。

定历法本为农耕，是专家的工作，先民却认为这是自己在跟天互动，从而视此为节日，届时总要欢天喜地表达一番。

夏历正月，寓意生命起始。万物经过冬藏之后，开始萌动，春之意即此。但入春的首日，往往在正月前几日，称为"立春"。

◎立春日。

宜食春饼，以面筋糊在热鏊上滚过，形成极薄面皮饼；再以粉皮、萝卜和芹、韭之类生菜，加味料拌和后，裹入面皮饼中食之。春饼加生菜称春盘，这样的吃法叫"咬春"，以萝卜芹菜等生蔬象征春天。

此俗由来甚久远。晋人在立春日以生菜相馈赠；明代"凡立春日，于午门赐百官春饼"；东坡有句曰"渐觉东风料峭寒，青蒿黄酒试春盘"。近代以降，春盘愈益精致，常以韭黄、蛋皮、肉丝、粉条、各类时蔬加入；春卷亦有油炸之法，风味俱佳。只是咬春之意稍不如前。

◎正月初一称"元日"。

王安石曾有《元日》描摹其俗：

爆竹声中一岁除，春风送暖入屠苏。

千门万户曈曈日，总把新桃换旧符。

屠苏，指的是一种药酒，据《遵生八笺》，酒内配有大黄、白术、桔梗、花椒、桂心、乌头、脐菝葜。元日饮屠苏酒，为的是延年祛病。

饮时，一反食礼：幼者先饮，长者最后。苏辙在《除日》诗中自寿"年年最后饮屠苏，不觉年来七十余"。苏轼则在《除夜野宿常州城外》中说"但把穷愁博长健，不辞最后饮屠苏"。

晋人董勋对这个礼俗的解释是：少者得岁，故贺之；老者失岁，故罚之。所以最后饮屠苏者是老迈之人。

1976年的元日，距周恩来过世仅二十余天。张春桥将上面那首王安石的《元日》书出，当时国人都不解何意。其实他恐怕正是以屠苏典故喻毛泽东、邓小平已老，该他上台了。此亦近乎诛心之论，戏说可也。

元日除进屠苏酒外，还有五辛盘，即以大蒜、小蒜、韭菜、芸薹、芫荽拌食。据药王孙思邈说，食之能辟疠气、开五脏、去伏热。去年所受伏热，经过一冬郁结，必须清除，这是古人养生经验。

屠苏酒、五辛盘未能流传至现在。现时北方元日多食饺子，南方大鱼大肉而已。元日备办筵席，多尚丰富，大部分地方都要吃到破五，也消受不完。

◎正月初七为"人日"。

女娲先六日分别造了鸡、狗、猪、羊、牛、马，第七日乃抟土造人，所以初七为人日。

自晋开始，人日时庭中食煎饼，俗称熏天，想来是告天感恩之意。南方则以七种菜煮羹。此俗延至唐宋后，逐渐式微。

今人不解人日，颇多笑话。成都杜甫草堂有名联：锦水春风公占却；草堂人日我归来。伧夫假充斯文，在茶馆对人宣讲曰："那上联是锦水春风公占却，写得好！那下联……那下联有些记不得了，总之是什么什么'人日我'……"众皆愕然，一齐拱手说："不敢！"

◎正月十五叫"上元"，亦称元宵。

元宵即汤团，或谓汤圆，届时，举国皆食。汤团以水磨糯米粉填以糖馅团成，如浑圆玉珠，香甜可口。

有一年上元，光绪帝拜谒太后慈禧，正遇老佛爷在吃元宵，"上问食未？不敢回已食，乃曰未。旋赐食。再问饱乎？仍回未饱，再赐。如此者数四，至腹胀不能尽食，暗藏汤圆于袖中。归则内衣尽污，狼狈不堪……"足见光绪在慈禧跟前整个一窝囊废，就不敢说个不字。上元节被汤圆撑得走不动路，衣袖里还装满了黏糊糊的糯米包糖团子，这皇帝也当得太可怜了！

◎正月中最有意思的节日当为二十五日的"填仓"。

《酌中志》说是"醉饱酒肉之期也"！经过一冬的消耗，仓廪、人腹都已虚空，需要充实，故曰填仓。二十五那天，所有人家都准备了丰盛美食，只要来了客人，便拖住不放，苦劝进餐，像填鸭似的将其塞满酒肉……故《帝京岁时记胜》描述说："念五日为填仓节，人家市牛羊豕肉，恣餐竟日，客至苦留，必尽饱而去"。

亦有说认为，此俗是祭仓神。

◎二月初二龙抬头。

是节食糕，食龙须面。相互赠以百谷瓜果种子，暗祷当年丰收。

◎春社。

仲春之月，在春分前后起社祭神，祈雨，称春社。

祭神用酒、肉、糕、饭、粥、面，祭神之后分食神物可以得福。

◎寒食，在清明前数日，起源甚早。

寒食节时，不能举火，冷食，预先准备杨花粥、麦糖粥、糕饼、冻肉、香椿面筋、柳叶豆腐等等冷餐食品，其实就是在春天开冷餐会。

此节缘起有诸种说法，《后汉书》说初起太原郡民感念介子推焚骸故事；又有说为周人防止森林火灾；再说为周礼"改火"之典。改火，就是古俗每年清明断旧火，起新火。杜甫《清明》中有句"朝来断火起新烟"即此。

◎清明，仲春与暮春之交，在冬至后第一百〇六天。

与寒食无大别，过节冷餐，祭祖扫墓时分。

"廊下御厨分冷食，殿前香骑逐飞球。"（张籍《寒食内宴》）"借问酒家何处有，牧童遥指杏花村。"（杜牧《清明》）领导在办公楼内吃喝打马球，科级以下跑到郊外找乐。自然这只是唐宋风尚。

齐人有一妻一妾甚穷，专拣清明至坟地，饱餐扫墓人家遗弃的祭奠肉菜，满嘴流油回家，谎称赴贵人之宴。看来清明自古就是好吃好喝的佳节。

◎三月初三上巳节，古之吉礼，在三月的第一个巳日。

原本是为"会男女"，称高禖之祀，恋爱的节日。春秋后衍为求子嗣、水中衅浴自洁、祓除不祥。

《后汉书·礼仪》云："是月上巳，官民皆絜（洁）于东流水上，曰洗濯祓除去宿垢疢为大絜。"因为高禖在郊，所以活动总是在野外、水边。杜甫有《丽人行》记其事：

三月三日天气新，长安水边多丽人。

态浓意远淑且真，肌理细腻骨肉匀。

……

紫驼之峰出翠釜，水精之盘行素鳞。

犀箸厌饫久未下，鸾刀缕切空纷纶。

黄门飞鞚不动尘，御厨络绎送八珍……

皇亲贵胄提倡，社会群起效尤，虽然不是人人野餐都带着驼峰、鲍鱼之类"八珍"，但是曲水流杯，沐春风饮于花下，也足以陶醉。

◎立夏，当太阳黄经四十五度，在四月初三或是初四。

斗指东南万物长大，食鲜正其时也：河豚、鲥鱼、海螺；枇杷、樱桃、杏子；蚕豆、黄瓜、苋菜，皆时鲜，可大饱口福。

孩童胸前挂熟蛋作斗戏，欢天喜地。立夏对女人来说也是个好时光，因为"立夏食李，能令颜色美，故是日妇女作'李会'，取李汁和酒饮之，谓之'驻色酒'"。

◎四月初八浴佛日，释迦佛祖诞日。

节食各地不同，而京都结缘豆有趣："京都浴佛日，内城庙宇及满洲宅第，多煮杂色豆，微撒盐豉，以豆笾列于户外，往来人撮食之，名'结缘豆'。"施主结善缘，与共产主义风格无异。

◎五月初五名端午，起源不详，多以为纪念楚人屈原。

是节有龙舟竞赛，兴尽而食粽子咸鸭蛋，喝菖蒲酒，旧时酒内加雄黄令小儿饮，据说可防毒虫叮咬。白娘子就是酒中被下了雄黄现出原形的……

◎夏至，太阳高悬在黄经九十度，一年中白昼最长的日子，通常出现在农历五月二十日或二十一日。

北方民谚："冬至馄饨夏至面。"据《帝京岁时纪胜》，京城夏至家家俱食冷淘面，俗称过水面。山东则凉面。

南方大异，夏至或食蚕豆饭，或食粽子、烤鹅，事见《岁时杂记》。岭南最奇特，说是"冬至鱼生夏至狗"，夏至那天满世界撵狗，吃荔枝就狗肉！

◎伏日在六月。

入伏后暑热难当，人不思茶饭，有倦态。其间历朝官方都有赐冰之例："京师自暑伏日起，至立秋日止，各衙门例有赐冰，届时由工部分布给冰票，自行领取，多寡不同，各有等差。"（《燕京岁时记》）

民间食冰，则有专事藏冰者贩卖。据《清嘉录》，伏天贩夫沿街售冰，称凉冰。冰中冻以杨梅、花红、桃子，称冰杨梅、冰桃子。每临宴，先进冰果。冰果以鲜藕、鲜核桃、鲜菱、鲜莲子杂小冰块，食罢再上热菜。

无论官家民间，藏冰皆在冬日，贮之冰井，夏时取出食用。现在制冰甚便，藏冰者早已失业，官方也不再以此优渥下属而改赐更实惠的东西……

◎七月初七称"七夕"，传为牛郎织女会期。

中国三百五十一个皇帝中，唐玄宗李隆基堪称浪漫冠军。每

200

至七夕，则偕同杨玉环夜宴华清池，求恩于牛、女二星，事见《开元天宝遗事》。也许香进错了？玄宗与贵妃终于还是马嵬坡阴阳相隔，生离死别。

七夕是个多愁多情的忧郁节期，据说最初为楚怀王所置。七月流火，天要凉了，怀念远人，赶制冬衣，都在此时。

七夕南北皆食糖面做的巧果及饼，缘起为何？无考。

◎立秋。

暑去凉来，阳气渐收而阴气渐长。当此之时，宜多食酸味果蔬润肺，以芝麻、糯米、蜂蜜、枇杷等等滋阴。

根据国人食疗养生之说，"肺主秋"，秋时肺金当令，肺金太旺则克肝木，故饮食宜以滋阴润肺为主。

民俗在立秋日，全家围桌啃西瓜，谓"啃秋"。中原各地自汉代起即有秋社，做社粥、社糕、社酒。至清代，始流行立秋日悬秤称人，看体重较立夏时轻了多少，轻则立补。因为夏日厌食，所食清淡，掉膘。秋风一起，胃口大开，正好多食烤肉炖肉烧肉，谓之曰"贴秋膘"。

◎中秋，农历八月十五日，中分仲秋之月，故名中秋。

中秋因何赏月？祖制：春日祭日，夏日祭地，秋日祭月，冬日祭天。北京天坛、地坛、月坛、日坛就是皇家祭所。民间亦祭，表达各不相同的亲和之意：以敬畏亲天，以感恩亲地；以端肃亲日，以柔情与淡淡的忧郁亲月。

故而人当中秋，分外脆弱，感物伤时，追怀往事，思乡思亲，叹息人生。"中庭地白树栖鸦，冷露无声湿桂花。今夜月明人尽望，不知秋思落谁家。"（王建《十五夜望月》）就连心胸似海的东坡先生，也禁不住生发"明月几时有，把酒问青天"的慨叹。

中秋之夜，清辉世界。皓月当空，冰清玉洁，难免有落寞冷清之感。对那些难解离愁别恨的多情之人，当是刻骨铭心节日：

红藕香残玉簟秋。轻解罗裳，独上兰舟。

云中谁寄锦书来？雁字回时，月满西楼。

花自飘零水自流。一种相思，两处闲愁。

此情无计可消除，才下眉头，却上心头。

——李清照《一剪梅》

所以中秋节吃月饼，饮桂花酒，以圆暗祷家人生聚无虞。

◎九月九日重阳节。

宜登高望远，尊亲思亲；饮菊花酒，食菊花糕。

◎冬至，大雪后第十五天。太阳直射南回归线，北半球全年黑夜最长、白昼最短的一天。

《月令七十二候集解》谓为"终藏之气，至此而极也"，此后便将渐入佳境。北方以饺子、馄饨、围炉相贺；南方则汤圆、红豆羹，或肥甘进补，吴门风俗有"肥冬瘦年"之说。蜀中冬至，家家炖羊肉，或呼朋引类痛吃火锅。

◎腊八，在腊月（夏历十二月）初八日。

腊通猎，《四民月令》释腊："言田猎取兽以祭祀其先祖也"。

既然是以田猎祭祀先祖，那林子大了，猎物满地乱跑，只能逮到什么是什么，用以敬献祖宗。所以"腊八粥"里什么都有，暗喻猎物丰富。蜀中以腊肉、萝卜、青笋、菜头、豆腐干、胡萝卜切丁，入粳米中熬粥。南方用红枣、赤豆、花生、薏米、核桃仁等熬糖粥。腊月初八恰是释迦成佛日，所以腊八粥可献与佛祖，但蜀中腊八粥除外，因为佛祖不沾荤腥。

◎祭灶，在腊月二十四日，就是祭拜灶神。

始传祝融为灶神，可见是为了祭祀最先发明用火的先人。因为有火，所以有灶，家家才得熟食，否则只能茹毛饮血。

灶神自然是个重要职务：天天守在人家的锅边，他们吃了些什么、吃的时候说了些什么，都没法瞒住灶神。结果，灶神就多了一项使命：做公安工作，定时向上汇报人的罪愆。据《抱朴子·微旨》说，"月晦之夜，灶神上天白人罪状"。

民间对此又敬又怕，所以祭灶时采用笼络之法。《燕京岁时记》说"民间祭灶唯用南糖、关东糖、糖饼……"目的是粘住灶神的嘴，以免他上天胡说。糖饼、糖糕、糖瓜、糖花因此成为祭灶日食品。

◎除夕，年三十。

一年将尽，去日苦多。有许多遗憾，有许多割舍不下。于是老少齐集，合家欢宴，宴罢守岁，至于通宵达旦。年夜饭吃得越久越好，不撤席。席间相互致意，多吉祥如意话语；儿女辈常作局戏玩耍，且玩且吃；儿童盼望各位长辈发压岁钱，兴奋不已；妇女在厨中备办元日食品，时闻瓢勺砍斫之声，此真难得合家欢乐。

所以哪怕远在天涯，旅人也一定要赶在年三十回家。吃不上与家人在一起的年夜饭，就是存心破产不为家！

粉 食 点 心

南朝刘宋末世，朝中有两位美男：吏部尚书褚渊与中书舍人何戢。

褚渊娶文帝刘义隆女南郡公主；何戢娶孝武帝刘骏女山阴公主。以妇系论辈分，两人礼当叔侄。

山阴公主刘楚玉自弟弟刘子业（前废帝）即位之后，风流不能自持，求三十美男为"面首"仍不满足，更望发展姑父褚渊为情人。褚渊不从，声明义不为乱伦之始，并且着意照看何戢，二人惺惺相惜。

山阴公主最终死于宫廷内乱，何戢在新朝做了司徒左长史。

　　当时，萧道成只是一个领军，官阶不是很高。何戢与之交游甚善，常常在家宴请萧道成，而萧道成特别喜欢何妻做的"水引饼"，即面条。

　　世事无常，不数年萧道成即取代刘宋王朝，成为南朝齐的开国君主，称齐高帝。褚渊、何戢皆入齐做了高官，何戢成为吏部尚书。当此之时，齐高帝仍时时念及当年何府欢宴中的水引饼。

　　何氏一门，中原望族。何戢父何偃亦美男子，在刘宋朝官至紫金光禄大夫；何戢女后来嫁入皇家，成为郁林王萧昭业的皇后。何家的命运与面条有无关系？殊难料定，正如中药里常常有些说不清道不明的渣滓，可能在起治病作用一般。

　　据《齐民要术》，水引饼是那种一尺一断、状若韭菜叶的面条。做法是：面团手搓成筷子粗细长短，用水浸后，捻薄如韭菜下锅，沸水煮熟。

　　更早的时候，则叫索饼，汉《释名·释饮食》云："蒸饼、汤饼、金饼、索饼之属，皆随形而名之也。"索即绳子，索饼即面条。故《素食说略》中说"面条，古名索饼，一名汤饼，索饼言其形，汤饼言其食法也"。

　　自汉代出现面条之后，不仅成为国人常食，并且士庶皆视作美食。晋人束广微曾有《汤饼赋》言其美：

玄冬猛寒，清晨之会，涕冻鼻中，霜凝口外。充虚解战，汤饼为最。弱似春绵，白若秋练。气勃郁以扬布，香气散而远遍。行人失涎于下风，童仆空瞧而斜眄。擎器者舐唇，立侍者干咽。

在当时，一碗面条能让行人闻香而涎流；童仆忍不住偷看，食者吃完了还端着空碗舐嘴唇；那站在一旁的围观者只能干咽唾沫了！由此可知，面条定是美味，难怪齐高帝不忘何戢家的面条。

直到宋代，汤饼始名面条，历代千锤百炼，至有今日丰富得令人眼花缭乱的美点，如北京打卤面、上海阳春面、山东伊府面、山西刀削面、陕西臊子面、四川担担面、湖北热干面、福建八宝面、广东虾蓉面、贵州太师面、甘肃牛肉面、岐山臊子面、三原疙瘩面、韩城大刀面、西安箸头面……

这些面有擀、抻、切、削、揪、压、搓、拨、捻、剔诸般制法，有蒸、煮、炒、煎、炸、烩、卤、拌、烙、烤诸般烹法。

食面真可谓人生一幸福，所以陆文夫在《美食家》中描绘朱自治：每日清晨鸡鸣即起，急匆匆抢先赶去吃头汤面——此乃他不可偏废的重要日课。

朱自治实在有理由捍卫他的幸福。旧时若是在朱鸿兴吃个面，落座之后便端的进了考场，难题迎面而来：爆鱼、爆鳝、焖肉、虾仁、三鲜、什锦、香菇、面筋、三虾、鳝糊、鸡丝、雪菜……
你吃哪样？

若是肉面，你要五花，还是硬膘，还是去皮，若是鱼面，你要肚当，还是头尾，还是惚水，若是鱼肉双浇，你要红二鲜，还是白二鲜？如若时在冬季，你的浇头是否底浇（将浇头埋在碗底）？如若时在夏季，你的浇头是否过桥（浇头另碟盛放）？

这一切都定了，你喜欢硬面还是烂面？还有没有重青（多放葱）或免青（不放葱）的要求？……

苏州之面，皆银丝细面，汤底是精心熬制的，分红白两种。银丝面在红汤中宛若阳春白雪，故称阳春面。阳春面加各色浇头即成各色面点。

面条制法中，抻面是较为精细的一种。抻面又称拉面，不借助任何工具，即可手制为丝索般柔韧的细面条，吃起来十分筋道，这在外国人看来简直如同魔术！

据传，拉面发源于烟台福山地区，继而西向传播至国中。此说可信，因为小麦最初是古波斯人由海上首先输入中国山东的。

当今日本拉面已成世界品牌，然而拉面跨海传入日本却很晚，约在清顺治十几年间。

当时，明遗臣朱之瑜勉力抗清，欲光复大明，乃自浙江舟山多次前往东瀛，希图借力日本抗击清廷。毕竟大势已去，虽曾追随鲁王朱以海经营孤岛，亦曾力助郑成功水师攻克瓜洲，终于回天乏术，流亡日本。此时正顺治十七年（1660 年），幸得日本大学者安东守约，以及水户藩藩主德川光圀礼遇，从此安居日本讲学。

德川光圀（とくがわみつくに），德川家康之孙，第二代藩主，景仰汉学，与安东守约均执弟子礼求教于朱之瑜，尊称其为"舜水先生"。

朱舜水第一次请德川吃饭，即拉面。据横滨拉面博物馆的说法，拉面自此风靡日本。日文中，拉面按外来语写做ラーメン。德川光圀之"圀"，是唐代武则天构造之字，同"国"。

除了拉面，其他制法的面条传入日本却较早，应在隋唐时期。据《唐大和尚东征传》，鉴真和尚从扬州东渡日本时，"……备办海粮脂红绿米一百石、甜豉三十石、牛苏一百八十斤、面五十石；干胡饼二车、干蒸饼一车、干薄饼一石……胡椒、阿魏、蔗糖、石蜜等五百斤、蜂蜜十斛、甘蔗八十束"，其中便有干面条。

现代方便面发端于日本，却疑中国伊府面是其源头。

清乾嘉时，历任惠州、扬州知府的伊秉绶，以鸡蛋和面，擀切为宽条，盘成蚊香状圆饼，晾微干，下油锅炸至金黄后贮之。

食时取出，或蒸，或焖，或煮熟再炒均可，浇以虾仁香菇笋片卤，味独特鲜美，有咬劲。在没有冰箱的年代，伊府面久贮不坏，堪称方便。

面条为粉食魁首，余则包子饺子饼，花样繁多而形制相通，有馅没馅何种馅，发粉死面油烫面，可以搅出几百种面点，各有特色。

据《鹤林玉露》，宋时有士人在京城买下一妾，问其来历，女子自称曾在蔡太师府包子厨中干活。有一天叫她做包子，却回答说不会做，因为"妾乃包子厨中缕葱丝者也"……

足见蔡京家的包子有多么考究——光做包子就有一支庞大的专业团队，分工极细，士人买的这个女子只是专门负责切葱丝的。想来蔡京的包子定属美食无疑。但是，寻常家食而能成为美食者，尤可珍贵。

记得幼时，母亲每于夏日熬荷叶粥，做四季豆烫面饺子。

制法两步，一为制馅：四季豆煮至断生，粗斩。粉丝泡发，粗斩。大葱细切。猪腿肉瘦四、肥六，瘦肉细剁入盆中；肥肉切细丁置另盆中。

瘦肉馅加冷汤顺一个方向搅上劲，加入四季豆、葱花、粉丝、肥肉细丁、盐、酱油、花椒粉、味精、素油拌匀；

二为制皮：面粉中加糖及微量盐，开水和面，搅拌均匀，加盖醒半小时。待面凉，拍干粉捏成剂子。面宜软。剂子压平包入馅，制成大馅饺子上笼蒸透。

烫面蒸熟后皮半透明，口感韧劲，味甜。馅料肉嫩香腴，豆、粉松软微麻，以之就粥，暑日经典节目。

有时候厨下材料不凑手，匆遽间要为家人造饭，也是和面：面粉中加微盐，调至软硬适度，加盖醒上个把钟头。然后反复地揉，务令其细腻筋道。

取揉制好的面擀成厚薄均匀的二粗皮（比一般面条略厚些），皮上撒一层干豆粉，防止黏结。切为宽一寸、长二寸的菱形，俗称"旗帜块"。待用。

熟猪五花切薄片（无现成熟肉有时也代以油渣）。鲜嫩丝瓜、茄子、去皮，切为面块大小的厚片。黄澄澄的泡青菜，取厚实的菜帮部分，不用叶，切为薄片。葱切细待用。

荤料与泡青菜下锅，烹入骨头汤，令泡菜出味后下丝瓜、茄子片略煮即可。同时另锅煮面块，水要宽，务使其快熟不煳。面块一熟迅即以漏勺舀进菜羹中，撒胡椒、味精、葱花，一人一大碗，但觉面块筋道滑溜、汤菜皆鲜。

餐桌上的君臣配伍

怀王入秦，历久不归，国人思之，屈原忧伤。

想是那楚怀王已被秦人收拾得五迷三道，神魂飘摇，屈原除了乞助于巫鬼，已经没有别的办法。于是设坛招楚王之魂，"外陈四方之恶"威胁，"内崇楚国之美"勾引，"以讽谏怀王，冀其觉悟而还之也"（王逸《楚辞章句》），目的是让怀王魂归故里。

这便是楚辞《招魂》的缘起。旧题宋玉所作，观内容知为屈原无疑。

勾引内容除了宫室、歌舞、女色而外，还有楚国美食。屈原亲历过楚宫盛宴，所以知道楚王昔日精馔：

室家遂宗 （家族欢聚一堂）

食多方些 （美食盛馔尽享）

稻粢穱麦 （大米小米早麦）

挐黄粱些 （配合一些黄粱）

大苦咸酸 （亦苦亦咸亦酸）

辛甘行些 （辣味甜味调上）

肥牛之腱 （取肥牛之蹄筋）

臑若芳些 （烹制软和芳香）

和酸若苦 （调和酸味苦汁）

陈吴羹些 （陈上吴国鲜汤）

胹鳖炮羔 （烧甲鱼烤羔羊）

有柘浆些 （浇上鲜榨蔗浆）

鹄酸臇凫 （醋烩鹅炖野鸭）

煎鸿鸧些 （煎大雁烹鹒鸧）

露鸡臛蠵 （卤汁鸡炖海龟）

厉而不爽些 （味浓烈胃不伤）

粔籹蜜饵 （炸蜜汁点心）

有餦餭些 （再浇些麦芽糖）

瑶浆蜜勺　（旨酒醇厚甘冽）

实羽觞些　（满满注入羽觞）

挫糟冻饮　（春酒沥糟冻饮）

酎清凉些　（沁人心脾清凉）

华酌既陈　（盛大酒筵备好）

有琼浆些　（置有美酒琼浆）

归反故居　（王哟你快回家）

敬而无妨些　（敬你一杯何妨）……

——屈原《招魂》

从屈原精心设计的这份食单看，应为王室规格的盛宴：八菜一汤，配甜点、美酒，上精粮饭食。

其中菜肴依顺序首为牛蹄筋，可能是冷盘，配苦醋汁蘸食。接着上吴地风味羹汤。烧甲鱼与烤羊羔同上，但鲜榨甘蔗浆是否同为两菜配碟，待考。八成是专用于浇烤羊的。

"鹄酸凫臇（音浮簪）"为热盆菜，以天鹅、野鸭为主料，烹之以醋，由"臇"字猜想，当为今日干烧鸭子之法。"煎鸿鸧些"，明白是油煎、油淋、油烫之法，所治为大雁和黄鹂（鸧即黄鹂），此法甚宜。

至此始上头菜"露鸡臛蠵（音霍携）"。蠵指海龟，臛为肉羹。楚人以龟肉为珍，龟肉羹自然妙品，但是露鸡之露需考。郭沫若解作卤鸡；高亨说应为烙鸡，露为烙的借转。

不管那鸡是烤的还是卤的，应该都是预制品，整治好后再与龟同煨成羹。今日甲鱼烧鸡，或曰"霸王别姬"即源于此；三湘滋补炖品龟羊汤亦其传承。

楚人以此为至美至鲜之味，往往食而忘乎所以，致伤肠胃。因而屈原特别强调，他为怀王之魂准备的这道菜，鲜美浓烈但不伤胃……

整个筵席用了牛、羊、鸡、鹅、鸭、雁、鸽、鳖、龟；调味用咸、甜、酸、苦、辣；饮用春醪；饭用米麦黄粱；制菜以烧、炖、煨、炸，唯缺时蔬独立成菜，是个憾事。也许蔬菜已作为宾料进入主菜了，后人不得而知。

这份战国时代的楚宫食单，堪称优雅知味，文质彬彬。席面上没有出现暴殄天物迹象，比如上一道猩唇，或是豹胎、猴脑、犀尾、象拢之类，也没有不典之物龙鞭凤牝，或是恶俗不堪地上道红烧狗肉。项王永远不会跟喜啖狗肉的刘邦称兄道弟，那是基因遗传使然。

席面水陆并陈，兼有飞禽。但是简单明白，有君有臣，有主有宾，有卑有尊。

头菜为君，他菜为臣。主粮为尊，美酒为宾。硬菜为主，配碟为仆……各有位置，配伍井然。那种食必方丈、菜肴叠床架屋堆积的泔水缸式筵席，绝不会出现在屈原的想象中。

由屈子之宴可知，吃什么？如何吃？先吃什么？后吃什么？皆有门道。孔子不得其酱不食，就是眼面前的肉没有配上合适的调味酱，他老人家就不动筷子。

此时肉为主，酱为仆。无酱之肉，等于迎宾而无仪仗队，于礼怠慢，所以夫子拒食。如果酱配错了那孔老先生也是不同意的：本为迎接学术团体，却派出巴黎红磨坊的大腿舞娘，是何味道？

宴席上菜先浓后淡，先咸后甜，先卑后尊，先硬后软……讲究秩序法度，未闻一入座先啖两斗碗干饭。这样的客人宜请到旁屋另备自助餐。

席面上有君臣，一菜之内亦自有君臣。熘个鱼片，自然鱼为君，姜、葱、蒜、泡椒节子为臣，有时入点木耳或青笋片，则作为宾料，只是点缀而已，不可能一斤青笋二两鱼，那就喧宾夺主了。

作料为一菜之臣，袁枚说"如妇人之衣服首饰也。虽有天姿，虽善涂抹，而蔽衣蓝缕，西子亦难以为容。"一道美馔，作料兼有色、香、味之功。如按袁枚所说，没有作料，犹如期待中的浪漫之旅一上路便见裸女，只能败了胃口。

然而某些珍贵物料却俨如暴君，极难伺候，如鳗、鳖、蟹、鲥，或燕窝、口蘑、乌鱼蛋一类，因为极具个性，陪臣需要小心翼翼。大闸蟹只需浙醋及姜，鲥鱼只宜清蒸微盐。要是在燕窝中拌以辣椒或加酱油红烧，厨子定是疯了。

什么样的君配什么样的臣，甚为重要。君臣不和，局面难堪。袁枚在南京见人以蟹粉配鱼翅、海参配甲鱼，眉头就攒成了一团：这岂不是张飞配了岳飞、玉环配了貂蝉！

几年前文界有传闻，京城时彦王世襄先生，在美食家朋友中献技：烧大葱！葱无论如何也扮不了君的角色，配什么样的臣也成不了一道菜，窃以为这只应是玩笑。

任何时代都有暴发者，即所谓新贵。新贵多从底层社会发迹，未经文化陶冶。一上餐桌，便挑最贵的吃，且食必方丈，堆在鼻子下海嚼。此类同山西煤老板在北京买法拉利，经理还来不及展示车的相关资料，就被买方打断说"每种颜色各要一辆，给我打包送来……"

民国时，有小布尔乔亚夫妇在上海红棉酒家用餐，点了干烧冬笋。女的娇嗔道"要嫩"，男的便说"越嫩越好！"结果厨房里用两筐笋切下笋尖，为他们做了一份菜。结账时囊中羞涩，把钱包底子都抖开了——这就是模仿新贵的代价。

新贵陋习，幸为有识者不齿。一位方家进了餐馆，从点菜开始，就透着学问。久而久之，连那些名店堂口的伙计，都成了一流食家，一瞧客人到了，不用吩咐，都能为你安排一台恰到好处的精馔。那功夫的紧要处，自然就是娴熟的君臣配伍。

《清稗类钞》曾举无锡中产阶层士绅的餐会为例——

（饮用绍兴酒）

◎芹菜（拌豆腐干丝。冷碟）

◎牛肉丝（与洋葱丝一起炒制。冷碟）

◎白斩鸡（冷碟）

◎火腿（冷碟）

四冷碟皆用深碟。

◎炖蛋（小杯内置蛋液，入鸡片、火腿片、冬笋片、蘑菇片，连杯上灶，入席时分别翻入另杯，每客一份。热池）

◎炒青鱼片（宾料笋片，用猪油，不用酱油。小炒）

◎白炖猪蹄（入海参、香菌、扁尖，每客一小碗分盛。热池）

◎炒菠菜（宾料笋片，用猪油。小炒）

◎小炒肉（切小肉片和栗子、葡萄红烧。热池）

◎炒面（用猪油，加鸡汤、火腿汤烹炒，上铺鸡丝、火腿丝、

冬笋丝。主食）

◎鱼圆（夹于冬笋片中炖制。热池）

◎莲子羹与小汤团（汤团皮薄极小，与莲子羹同上，每客一小杯。甜点）

至此开始用饭（饭、粥两便），并上佐饭菜品如下：

◎糟黄雀（黄雀腹内镶猪肉，用豆皮包裹，下黄花、木耳一起油煎。小菜）

◎青菜（用猪油。小炒）

◎江瑶柱炒蛋（猪油干炒。小炒）

◎鸡血汤（用鸡汤。佐饭）

此席四冷碟，四热池，四小炒，配羹汤、甜点、主食、粥饭、小菜。较便餐为丰，较筵席为俭。席面干净爽利，多精味。粗看上去，似无大菜、头菜，君臣模糊。

看似无君，其实有君：笋。笋在背后时隐时现，偶尔一露峥嵘。林语堂先生说肉以笋鲜；笋以肉肥，指此。

旧时餐业细心，知道有人不谙食道。饭馆落座后堂倌问要点什么，客往往摸后脑勺。于是餐业慨然肩负起教育下层群众的责任：随配合菜，吃什么他帮你拿主意，你尽管闭着眼睛吃就是了。但是堂倌为你选配的菜品，都是有道理的，不像现时的服务员，恨不得你包下整席、花光身上所有银子。

在上海，四位赌友打麻将，中途订个小酌合菜，叫饭馆送餐。送的是：油鸡、酱鸭、火腿、皮蛋四冷碟；炒虾仁、炒鱼片、炒鸡片、炒腰花四热碗；再加个热池：走油肉；配三丝汤、主食。分量都不大，颇精致。

在广州，同样的情形要个小酌合菜宵夜，饭馆送的是：香肠、叉烧、白鸡、烧鸭四冷碟；虾仁炒蛋、炒鱿鱼、炒牛肉、煎曹白鱼四热炒，加大碗云吞面……

旧时堂倌，真社会功勋！

至 味 撷 拾

　　百菜中，葵、藿与荠，都堪称至味。江南荠菜，与蜀中豌豆苗（藿）冬寒菜（葵），同出中国本土。《诗》有"其甘如荠"之说，足证荠为国人佳蔬已久。

　　豆苗稚嫩，含苞未吐，冷香彻骨，食之疑为绿雪。清汤中漂几茎豆苗，令人忘国色天香。

　　葵则朴拙厚重，如国士之钝，似锤，似钟；其味浓，其性悠，特立独行，不与流俗为伍——听说过冬寒菜红烧肉没有？

　　荠，却多山野林泉气，至今不能驯化，不入栽培之列，漫生于野，其状柔弱，内藏刚劲，对立于主旋律而似天籁。与葵、藿相较，荠为道，葵藿为儒，皆属清流，可以终身与订君子之交。

杭帮尤喜用荠，此外更常用雪菜、莼菜、竹笋、莲藕、荷叶、金华火腿，入于禽肉鱼虾中，菜品格调高雅。

杭厨知味，谙熟君臣配伍，敢叫板食界曰："欲知我味，观料便知。"

然而，料摆在面前，很多人并不真知。更奇者，不仅不知，还强以为知，乃至著书立说，专门论味。宋人林洪即此。

林洪字龙发，号可山，生于南宋末，福建泉州人氏，自称林和靖之后，不可信。所著《山家清供》颇受后世关注，奉在食经之林。

细读林作，可发现著录多为耳食之言，以讹传讹者不在少数。例如"元修菜"条：

东坡有故人巢元修菜诗云。每读"豆荚圆而小，槐芽细而丰"之句，未尝不置搜畦陇间，必求其是。时询诸老圃，亦罕能道者。一日永嘉郑文干归自蜀，过梅边，有叩之，答曰："蚕豆也，即弯豆也。蜀人谓之巢菜，苗叶嫩时可采，以为茹，择洗，用真麻油熟炒，乃下盐酱煮之。春尽苗叶老，则不可食。"坡所谓"点酒下益豉，缕橙笔姜葱"者，正庖法也。君子耻一物不知，必游历久远而后见闻博。读坡诗二十年。一日得之，喜可知矣！

蜀中有巢菜，俗呼苕菜，东坡喜食。有道士名巢元修者与东坡善，故东坡戏称巢菜为"元修菜"。据《毛诗品物图考》，巢，古称薇。伯夷、叔齐饿死之前采食过。

那个郑文干去了一趟蜀中，回来便对林洪胡说一气，说巢即"蚕豆也，即弯豆也"。蚕豆与弯（豌）豆是两种豆，均与巢菜无关。郑文干所说应为豌豆苗，但不能如他所说用盐酱煮食。林洪听了郑的胡诌，居然大发感慨说，读了二十年苏东坡诗，今日才长了见识，其蠢直令人喷饭！

《山家清供》"金煮玉"条：鲜嫩竹笋挂面糊入油锅，炸至枯黄，林洪说是"甘脆可口"；笋切方片，和白米煮粥，林洪认为"佳甚"。

这是不知味。鲜笋炸脆了怎么吃？白笋煮白粥是何味？在另一条"玉带羹"中，林洪说他曾与赵璧、茅雍把酒论诗，至夜无所食，以莼、笋煮羹为菜，笋似玉，莼似带，故名玉带羹。

名起得雅，只是两者相配，清瘦见骨，活脱一剂汤药。可谓待笋无礼，对莼无情，假斯文穷措大之所为也！

《山家清供》有故作清高之嫌，实不知味。世间有大雅似俗者，亦有大俗似雅者。昔有赞蟹者引《易》辞"黄中通理，美在其中"为喻，林洪即有"蟹酿橙"条：黄橙削盖留汁，入蟹膏肉，置甑中，锅内酒、醋、水蒸之……

若黄中一定要附会为黄色，则蟹已有黄；著美指美味，则蟹味至美，何必将蟹装入黄橙中？橙汁入蟹，岂不是张飞喝断长坂坡时，背上还背着个甘夫人？此真穿凿附会，可笑之极！

知味者不必尽信书。尽信书，不如无书。

杭厨一定不读《山家清供》，油焖春笋却称佳味；鲁厨亦有酱爆冬笋，不闻白煮之法。靖康之难后，宋室南渡。宋嫂以西湖鳜鱼烹入胡椒及醋，而成宋嫂鱼羹，众以为精味。后之西湖醋鱼，也好。这些都是知味的范例。

至味无须雕琢，自有天然之美。张季鹰思莼鲈，在一清二白中。莼菜煮鲈鱼已是大美，何必再加粉饰？

清嘉庆时盛行豆芽镂空，灌入鸡肉火腿末做菜，其法刁钻，其味平庸，殊不可取。

今日看菜走得更远，席面上见过食雕"辋川小景"，胡萝卜、黑芋头雕成的山水亭桥，若叫王维、宋之问见了会当场呕吐，哪还能去辋川山谷吟风弄月！又见过"黛玉葬花"，面塑加冬瓜、水果制成。黛玉倒是粉嫩，胖乎乎的，就像经过"三个月包肥"圈养喂饲……

这叫恶俗。论雕塑之功，你能比拼罗丹、米开朗琪罗？论造型构思，你听说过计成，或是知道多少园林格局？美馔已自有刀功、间色、菜形考究在，菜成又有装盘、美器相衬，不必再加粉饰，一饰便俗。

太湖三白（白虾、白鱼、银鱼）样样都是好东西，以之入菜，随形变化，往往赏心悦目，乐胃娱神。但如果过分穿凿反伤其美，如"银鱼钻腐"，容易予人"一塌糊涂"之感，再加制法传说，引人温水煮蛙的联想，就使美味降格了。

古人对至味尤其不加雕琢，祭祀之时，以"玄酒""大羹"敬神。《礼记》云"玄酒以祭"；《仪礼》曰"祭祀共大羹"。上古无酒，以水为饮，后世称水为玄酒。大羹是指不加任何作料的肉汤，以之敬神，表达不敢欺神的意思。

由此可联想到当下，鸡汤是清水加鸡味素，肉汤是清水加"一滴香"，以之敬神，恐怕天怒人怨。炖汤不加作料，葆其本真之味，川人至今如此，炖鸡、炖猪蹄、炖牛肉，都不加味料。

至味其实常在，犹如删繁就简三秋之树，有时亦如领异标新二月之花，不需精心莳弄，不能移入盆景。

扬州干丝用普通物料，淡雅朴素，合食道，味隽永，可在家中自制，食材随手可得。但是白豆干一定要好，老嫩恰当，细切后筋道不断。宾料不宜多，更不必如乾隆时入"九丝"。半汤宜清鲜，忌肥。今之富春茶社大煮干丝，煮太烂，几成豆腐茸，其实只需小煮。

蜀中熬锅肉则工笔重彩，滋味绵长，形色悦目。夫子不得其酱不食，此菜有酱；金圣叹恨海棠无香，则此菜飘香，一家秘制，邻里闻香而窃议……唯一苛刻处在于，此菜君臣不可拆分：作料必须郫县豆瓣、四川甜面酱，亦可酌量投入几粒豆豉；宾料以青蒜苗为正宗。

熬锅肉之熬，是让肥肉在锅中慢爆出油。滋出小半的油之后，肥肉卷成"灯盏窝儿"，令内酥香膏腴。现在熬锅肉已爆不成"灯盏窝儿"了：注水猪肉一下锅，便噼里啪啦热油乱溅，可把厨子脸上烫出水泡……

至味虽常在，但需有心人发现。成都有一尊"饮食菩萨"车辐老先生，至今健在，寿近百岁，一生事业在吃，宜配享在食神庙中。

年轻时车大爷在蜀中闯码头，船至新津，即王勃"城阙辅三秦，风烟望五津"中那个五津之地。船泊码头，落日余晖中，江风习习，车大爷岸上买半只卤鸡，干荷叶包着回来，摊在船甲板上，半斤油米子花生，半斤烧酒慢呷，有唱"大风起兮云飞扬"

的意兴……有一次对人说："郫县陈酿的黑豆瓣，下米汤泡饭单吃都好吃！"

这才是真正的食家！说是饮食菩萨一点不冤枉。

有些美味今已难得再见了，比如"响堂肉片"。锅巴油炸至酥脆装盘上桌，泼以预制好的卤汁肉片，可像鞭炮满堂炸响，故名。如今无人再用铁锅焖饭，锅巴已逝，响堂便无从生发。有些菜则因为科学主张而备受冷落，像扬州三头中的扒烧整猪头。

扒烧整猪头制法：锅内放蒲垫，猪头去骨刮洗干净，放置其上；绍酒、酱油，加冰糖，微火慢煨至烂熟，妙不可言。要诀是不能加一点水。

相传此为法海寺和尚私房菜，黄鼎铭《望江南》中有句："江南好，法海寺闲游。湖上虚堂开对岸，水边银塔映中流，留客烂猪头。"可惜当时能留客，现在留不住了，客嫌肥。

茗　浴

　　如果说中国曾影响过人类生存方式，则莫过于教会了世界喝茶。

　　茶在疗饥止渴以外，也不似酒，令人醉入梦境。茶使人神清气爽，内视自我，清醒面对世界，悠然坐享人生。即使身处社会底层，手捧一壶粗茶，瓦屋两间，老婆一个，左看是她，右看还是她，也不觉乏味。茶之功大矣哉！

　　茗饮之事始于蜀中，当无疑义。茶事最早见诸记载，是在西汉蜀人王褒的《僮约》中。

王褒文名比于扬雄，长辞赋。汉宣帝神爵三年（公元前59年），王褒往游湔上（在今四川彭州境内，"5·12"地震重灾区），遇亡友寡妻杨氏与仆纠纷，于是为主奴双方起草了一份劳务合同，即《僮约》。其中详尽规定了家奴应尽之责，包括"脍鱼炮鳖，烹茶尽具""牵犬贩鹅，武阳买茶"。武阳在今四川彭山。

顾炎武《日知录》说，"自秦人取蜀以后，始有茗饮之事"，也认为茶事起蜀中。也许杨氏那个家奴心怀不满，外出买茶便趁机四处游荡，将茶事泄往外方，所以清人赵翼有诗说"僮约虽颁十数条，守门奴已出游遨"。晋人张载则有《登成都白菟楼诗》"芳茶冠六清，溢味播九区"，华夏茶香源自蜀，似无疑义了。

茶古称荼，亦曾称槚、荈、茗、蔎。最早正式记载茶的书是汉代《尔雅》，称其为槚、苦荼。

茶字晚出，至唐陆羽著《茶经》，始广泛称茶。那时著书立说，也有一个"潜规则"：凡一事一物，都要归功于圣人名教之下，祖述尧舜，宪章文武，类同今日"在……正确领导之下"云云。陆羽说"茶之为饮，发乎神农氏，闻于周公……"便是马屁语。

神农炎帝那阵子，恐怕紧要问题是吃饭，还来不及研究祁门红茶或是福建铁观音。但是陆羽无意间也说对了一点：炎帝祖南中国，茶源在其发祥地中。

李肇《国史补》以蜀中蒙顶山茶为天下第一，却有道理。人谓"蜀雅州蒙顶产茶，最佳。其生最晚，每至春夏之交始出，常有云雾覆其上，若有神物护持之……"（《东斋纪事》）

明代，四川地方每年上贡京师的好茶中，极品多来自蒙顶山。当时，蒙顶山上清峰有茶树七株生于石下，每萌芽，山中智炬寺僧人即报官方，派员前往登记茶芽叶片数量。茶成采下，只数钱，制好后送京师，不过一钱多点，这真是极品中的极品了！事见清人王新城《陇蜀余闻》。

秦人取蜀后，茗饮浸至中原，茶道渐兴。风俗贵茶，南方广植茶树，遂有名茶迭出。《国史补》所以罗列茶之盛：

风俗贵茶，其名品益众。南剑有蒙顶石花，或小方、散芽，号为第一。湖州有顾渚之紫笋，东川有神泉小团、绿昌明、兽目，峡州有小江园、碧涧寮、明月房、装蕊寮，福州有柏岩、方山露芽，婺州有东白、举岩、碧貌，建安有青凤髓，夔州有香山，江陵有楠木，湖南有衡山，睦州有鸠坑，洪州有西山之白露，寿州有霍山之黄芽，绵州之松岭，雅州之南康、云居，彭州之仙崖、石花，渠江之薄片，邛州之火井、思安，黔阳之都濡、高株，泸川之纳溪、梅岭，义兴之阳羡、春池、阳凤岭，皆品第之最著者也。

在李肇所列的三十八种极品茶中，蜀茶占其小半。陆放翁在蜀为官数年，着实享足了清福："寒泉自换菖蒲水，活火闲煎橄榄茶"。白居易诸人更不是省油的灯，新茶自蜀中来，决不谦让："蜀茶寄到但惊新，渭水煎来始觉珍。满瓯似乳堪持玩，况是春深酒渴人！"

茶性味苦寒，凛然有正气，祛虚火，镇浮躁，所以有"洁躬淡薄隐君子，苦口森严大丈夫"的美誉，中国士人雅爱之。

茶品清高，士人以之标榜操行；茶心清明，僧人以之参佛助禅。茶，因此被中国文化赋予了无比高洁的意义。

元稹有一言至七言诗赞茶，颇得茶趣：

茶

香叶

嫩芽

慕诗客

爱僧家

碾雕白玉

罗织红纱

铫煎黄蕊色

碗转麹尘花

夜后邀陪明月

晨前命对朝霞

洗尽古今人不倦

将知醉后岂堪夸

清初，为满人征服中原立下头功的汉奸洪承畴，镇抚江南。洪承畴曾是明崇祯朝的精英栋梁之材，投清后深知江南正义之士多，因此以怀柔政策优抚士人。

暮春时节，某日约请旧友围棋手谈，弈棋中家人献上珍贵雨茶（清明后、谷雨前所采之茶），洪欣然吟道："一枰棋局，今日几乎忘谷雨……"客应声对曰："两朝领袖，他年何以别清明？"

洪承畴不忘茶事之雅，客却认为茶乃有节者之事。谢安访陆纳，主人不具酒馔，唯茶，以示君子之交淡如水。

上善若水，水为茶魂，茗茶之取水与煎水，就成了善茶者的大学问。

明人陈绛《辨物小志》中有谓"世传，扬子江心水，蒙顶山上茶"，认为两者绝配。江心水，指扬子江南零水，在今之镇江金山寺下，又称中泠水，唐时已有盛名。当时，金山尚在江心，是座孤岛。

唐人张又新《煎茶水记》记叙陆羽辨水的逸事：唐大历元年

（公元766年），湖州刺史李季卿宣慰江南，在润州（今镇江）遇陆羽，宴于扬子驿馆。李说，"陆君善于茶，盖天下闻名矣，况扬子南零水又殊绝，今者二妙，千载一遇，何旷之乎！"于是叫军中识水性的军士，携瓶驾船至江心，取南零之水煎茶。陆羽则准备茶具等候。

没多久，军士取水回，陆羽以勺扬水，说：水是江水，但不是南零之水，好像就是岸边的水。军士急了，说：我驾舟深入南零，有上百人看见，可以作证，怎敢欺骗！

陆羽不说话，将瓶中之水倒掉一半，再以勺扬起剩下的水说，从这里开始，才是南零的水。军士吓傻了，连忙服罪说：本来满瓶南零水，回到岸边时船摇晃泼出一半，害怕半瓶水不够，因此取岸边水补充成满瓶……"李季卿及宾从数十人皆大骇愕"云。

至若唐人煎汤之法，则颇有圭臬在。陆羽一汤三沸，苏虞有作汤十六法，讲究茶具材质、煎汤老嫩、薪火气味……

唐明皇与梅妃斗茶，顾诸王戏曰："此梅精也，吹白玉笛，作惊鸿舞，一座光辉，斗茶今又胜吾矣。"妃应声曰："草工之戏，误胜陛下。设使调和鼎鼐，万乘自有宪法，贱妾何能较胜负也。"上大悦。（《梅妃传》）

那梅妃所煎之茶，真不知道做了多少过场！

至宋元直至清，茗饮之事乃士人高雅格调、斯文标志，几乎到了走火入魔程度。倪元镇好饮茶，在惠山中用核桃、松子肉和真粉制成小块如石状，置茶中，名曰"清泉白石茶"。

赵行恕是宋宗室后裔，真正的贵族，来访，倪瓒以此招待。不料那赵行恕端起茶盏便喝，连喝几盏没喝出什么名堂来。倪大扫兴，当场讥讽赵说："吾以子为王孙，故出此品，乃略不知风味，真俗物也！"弄得这个皇家之后下不了台，自然从此绝交。事见《云林遗事》。

但是仔细想想，这倪元镇其实是装神弄鬼：茶中加入核桃、松子和真粉，岂不成了 Cappuccino Coffee？不同只在那卡布奇诺顶上冒泡，倪茶则面上浮油，窃以为非茶道矣。

宋时王安石亦曾装怪。蔡襄向慕王荆公清逸格调，听说王公来访，十分高兴，取出珍藏绝品好茶，亲自涤器、亲自煎汤，希望博得王安石赞赏。

茶成，"公于夹袋中取消风散一撮，投茶瓯中，并食之……"蔡襄大惊失色，王安石却不以为意地说道："大好茶味！"这真是太煞风景了！给你喝绝世好茶，你却向茶中投感冒清药片——王安石无时不以怪异标榜"特立独行"。

茗饮一旦被弄成了学问，就走偏了。

后周翰林学士陶谷，买了太尉党进家遣散的姬人。党进一介粗人，目不识丁，以武功在宋初做到了三军司令。陶谷校书郎出身，举手投足间，时有穷酸气。曾为后周出使南唐，对人君主无礼倨傲，却在驿馆勾搭妓女秦弱兰，酿成外交丑闻。

一日陶谷取雪水煎团茶，向买来的姬人炫示说：党家可能不知道有这样高雅的茗饮吧？那位从党家出来的姬人漠然答道："彼粗人安得有此，但能于销金帐中浅斟低唱，饮羊膏儿酒耳。"陶谷乃"深愧其言"——你真没见过世面！

天下贵茶，其实多在民间。江左士庶，上午皮包水，下午水包皮。茶汤浸润着他们的一生。巴蜀夷夏，茶能通神，茶能和气，茶能生财，无茶则神志萎靡，人命危浅。

2006 年随旅游团去新、马、泰诸国观光。成都一家具厂老板亦携全家入伙同行。一路上这位仁兄诙谐幽默，欢天喜地，为旅途增色不少。某日上路后发觉，老板蔫秋秋的，似有抑郁之状。疑与太太有隙，好像又不是。直至将进午餐时，这厮端的是发了神经，一声暴吼："嗨！我说咋个回事——早晨连茶都没喝嘛！"却原来导游催促上路，这位仁兄没来得及在酒店内沏茶……

蜀人天生识茶趣，成都即是一座离开茶就不能生存的城市。冬日太阳一出，最忙之事便是摆设桌椅，涤器煎汤——奉茶；夏日浓荫水边，张伞遮阳，盖碗船盏——奉茶；春日大好时光，鸟语花香，桃李树下洗眼睛——奉茶！秋风一起，关入勾栏，或是自家瓦舍，呼朋引伴——自然还是奉茶！

大街之上，不出百步，必有茶馆。江湖有规矩：茶馆内说的话不负责任，因此你可以由着性子胡诌——起码此刻你是自由的、也是你最有创造性的时分……

茗饮虽食余，然在食道中。食实肠胃，茗浴心神。此天地最神奇的赐予！

中馈即家国

《颜氏家训》云："妇主中馈，唯事酒食衣服之礼。"这是说，一家主妇，掌食事、穿戴法度。一是健康，二是形象，均从中馈出。孔颖达《易》注说，中馈即馈食供祭之意，那是专指食事了。

主中馈者，妻子们、母亲们。中馈非苦役，乃神圣责任与使命。

一姓人家存身于社会，犹如一舟在江河湖海，港口永远是它的根本。人生多艰辛，能常得与家人共食，就是幸福。因而，怀念母亲，莫不与中馈相关。

后汉永平十三年（公元 70 年），楚王刘英谋反事败，皇家穷究余党，酷刑拷掠，致疑犯相互攀染株连，冤狱日广，死者大半，累及会稽吴人陆续。

陆续时为太守尹兴掾吏，与尹兴并入洛阳大狱，虽"掠拷五毒，肌肉消烂，终无异辞"，可说是铮铮铁骨，抵死不招。

这样一位硬汉，在等待杀头之时，母亲从江南赶来探狱，而狱治森严，内外禁绝消息。母亲无奈，为儿子烹制了一罐羹汤，央求狱吏代为传送进去。狱吏自然不敢对陆续说这是他母亲所送，只当是死前优待。

陆续刚捧起羹，便泪如泉涌。问官，即专案组官员，没见过这位打死都不出声的汉子流泪，问何故？陆说，"母来不得相见，故泣耳。"

惊问如何知道的？疑内部有人暗通消息，将追究狱吏。陆续才说，母亲做菜，切的肉没一片不是方正的；切葱，一寸一切，长短一致。是以知道，此羹必为母亲所做……

狱官向上报告了这个情节，明帝感动，竟"赦兴等事，还乡里，禁锢终身。"陆续终因识母中馈而捡回了一条性命，事见《后汉书·独行列传》。

其实中馈又何止于吃饭、穿衣这么简单！任何一个中国人，都能记住幼时饭桌上的情景：从那时起，中馈之道便铸就了你的人生，甚而至于你的家族！讵谓不信，观汝南周氏——

汝南周浚，晋初时镇抚东吴旧地，屡有功，在司马朝官拜安东将军。某次行猎中，避雨入于李姓人家。李家父兄都不在，唯女李络秀张罗接待。

安东将军及其随行几十人等着吃饭，而厨下无动静。悄悄至厨房窥探，却见一秀美女子率众杀猪宰羊、淘米做饭、俎案切割、灶上烹调，皆按章法，井井有条，具几十人之筵席而不闻人声！

周浚慕女子才貌，求为妾。络秀父兄不答应，络秀却说："门户殄瘁，何惜一女！若连姻贵族，将来庶有大益矣。"李络秀终于如愿嫁与周浚，并为周浚生下三子：周顗、周嵩、周谟。

三子渐渐长成，络秀在饭桌上教导说："我屈节为汝家作妾，门户计耳。汝不与我家为亲亲者。吾亦何惜余年！"三个儿子一齐点头，表示谨记母命。

周顗，字伯仁，刚成年便进入官场，伟岸沉雄，凛然有风骨，名动一时。大将军王敦在他跟前，顷刻便失去自信，头顶冒汗，脸面发红，不断以手扇风；广陵才子戴若思慕名往访，在顗处不发一言，枯坐半晌即告辞出来了，问何故，答说到了周顗面前，哪还敢炫耀自己那点才学！

渡江之后，周嵩、周谟皆居高位。络秀冬至节置酒赐三子，说："吾本渡江，托足无所，不谓尔等并贵，列吾目前，吾复何忧！"——说我们在江南本无根据，然而我看到你们都有了成就，我也无须忧虑了……

不料老二周嵩这次却给母亲泼了冷水，说他已看出，周颉志大才短、名重识浅，好批评他人，将来势难自保；自己又性刚执拗，世俗不容；唯有老三阿奴庸庸碌碌，将来能守在母亲身边。

永昌元年（公元322年），王敦举兵构逆，刘隗劝元帝诛杀王氏一族。丞相王导乃王敦之弟，每日率王家子弟王彬、王廙等赴台省请罪。见周颉入朝经过跟前，私下对周说：我王氏一门百余口，就靠你说情了！

周竟不吱一声，径入朝去。入朝则向元帝力辩王导无罪，罪在王敦一人。出朝时喝得醉眼迷离，又经过王导跟前，还是不与他搭讪，并且笑对他人说：今年消灭了那些乱臣贼子，可得斗大金印……

周颉醉酒醉得总不是时候。官至仆射（相当于副总理级别、内阁部长），不该醉时却醉得三日不醒，人称"三日仆射"；该沉醉时却半醉半醒，满口胡话。

鸿胪卿孔群亦嗜酒，王导劝其适可而止，以酒坛包盖布容易朽坏来比喻酒易伤身。孔群却回答：以酒糟肉肉可久存来反驳。孔群仍时时大醉，而周颤的酒话却使王导误读。

王导暗暗衔恨在心。及至王敦兵入建康，王氏在司马朝得了半边天下，不可避免的悲剧就发生了：王敦问王导周颤可不可杀，王导同样不吱一声，结果王敦杀了周颤。

后来王导在朝中披阅已往表奏，才发现周颤屡上表章，竭力为王家辩护开脱，为自己言辞恳切地脱罪！王导后悔得号啕大哭，说："吾虽不杀伯仁，伯仁因我而死。幽冥之中，负此良友！"

周颤死后，王敦着人往吊，周嵩说："亡兄天下人，为天下人所杀，复何所吊！"因此，周嵩又与王敦结下私恨，并最终为王敦所害。唯周谟得以善终，官至紫金光禄大夫……

无李络秀，便无晋代之周氏家族；无此母，安得有颤、嵩、谟三子？事起中馈，而侍在《晋书》，人哪得不思母恩？

中馈即是家国，为国从家始；治家从中馈始。

清咸丰间，成都有奇女子曾懿（号朗秋），生于官宦之家，居浣花溪畔。朗秋自幼饱读诗书，却心系民瘼，志在救死扶伤，因而发奋研习医道，追随叶天士、吴鞠通等医家，终成医界圣手。

曾懿除有《医学篇》传世而外，更出人意料著《中馈录》，教民间妇女烹饪之道。为何撰《中馈录》？曾说："昔苹藻咏于

《国风》，羹汤调于新妇，古之贤淑女，无有不娴于中馈者。故女子宜练习于于归之先也。"

曾朗秋家国之思深刻！

浦江郑义门，皇家诰命为"江南第一家"。郑氏一族，从南宋建炎初年（1127年）开始，到明天顺三年（1459年），遭大火拆灶异居，先后绵延三百三十余年。其间，累十五世，老幼同堂，聚处共食，家口最盛时达三千余人！

家族大，则社会大。社会大，则政府小。自治与专制是此消彼长的。看郑氏一门如何治家，就能感觉到中国传统社会其实也有不少动人之处。

郑家从其合食共居起，至六世祖元代郑文融时，始产生成文家法《郑氏规范》。家法共一百六十八条，内容从亲亲孝悌、礼义廉耻，直至中馈细节，皆通情达理。例如中馈家法——

诸妇主馈，十日一轮，年至六十者免之。新娶之妇，与假三月，三月之外，即当主馈。主馈之时，外则告于祠堂，内则会茶以闻于众。托故不至者，罚其夫。膳堂所有锁钥及器具之类，主馈者次第交之。

可以想见，这旬日之内，饭菜好不好，食众有公论。主馈者为赢得众望，岂能不尽心尽力？桌上有美食，上可以娱亲，下能得晚辈爱戴，诸妇之间必用心研习，技艺日益精进。旧时私家菜、公馆菜皆从中出。

南齐虞棕家的菜，就曾勾引得皇帝萧道成经常去蹭饭，虞棕自然每次盛待，但是却拒绝皇上讨要菜谱……

那样的时代，已成为永远的温馨记忆。母亲们主中馈，断不会拉开冰箱门，取快餐品放入微波炉，读包装袋上说明书，做个"味噌拉面"给丈夫尝尝，然后发嗲说："亲爱的，你表扬一下我嘛！"

今人的儿时记忆中，也不再包括母亲在热灶中烤熟一只红薯，拍掉炭灰，撕去焦皮，吹凉，递给淘气的儿子说："小心别烫着！"——那甜蜜可以超时空地存在于心底，存在于人类的历史中。

郑氏家族上下亲睦，真和谐社会。子弟不必参加统考，有家族私塾自己课童读书；成人各安其业，不必操心吃饭。就是这么一个郑义门，为社会先后贡献了一百七十三位官吏，大至礼部尚书，小至税令，无一贪赃枉法，个个两袖清风。因为有家法"子孙倘有出仕者，当早夜切切以报国为务，抚恤下民，实如慈母之保赤子，有申理者，哀矜肯恻，务得其情，毋行苟虚。又不可一毫妄取于民，违者天实鉴之。"

为官而敢贪腐者，《郑氏规范》有律条："子孙出仕，有以赃墨闻者，生则削谱除族籍，死则牌位不许入祠堂"——这是中国人视为天谴一般的惩罚！

在一个以食为天的民族中，家国诞生于中馈……